智能机械臂控制与编程

主　编　胡江川　宋小丽
副主编　杨　江　刘广东
参　编　石　龙　周骋宇
主　审　杜丽萍

北京理工大学出版社
BEIJING INSTITUTE OF TECHNOLOGY PRESS

内 容 简 介

本书是中国特色高水平高职学校项目机电一体化技术专业群系列教材之一，也是应CDIO课程改革，校企合作编写的新形态教材。本书重视对学生职业能力和工匠精神的培养，紧密结合工程项目的实际应用，将知识点和技能点进行连接。本书共4个项目，包括智能机械臂分拣工作站的安装与调试、机器视觉应用平台的控制与编程、智能机械臂ModelArts训练模型的开发与实践、智能机械臂垃圾分类控制系统的控制与编程，将智能机械臂的设计、编程、安装调试等内容融入每个项目。书中项目设置结合实际工程、内容简洁、图文并茂且实用性强。

本书可作为职业本科院校和高等职业院校智能控制技术、机电一体化技术和工业机器人技术专业及相关专业的教材，也可供在职人员岗位技能培训和工程技术人员参考。

图书在版编目（CIP）数据

智能机械臂控制与编程 / 胡江川，宋小丽主编.

北京 ：北京理工大学出版社，2025. 3.

ISBN 978-7-5763-5224-5

Ⅰ. TP241

中国国家版本馆 CIP 数据核字第 2025G00B10 号

责任编辑：陈莉华　　　文案编辑：李海燕
责任校对：周瑞红　　　责任印制：李志强

出版发行 / 北京理工大学出版社有限责任公司
社　　址 / 北京市丰台区四合庄路 6 号
邮　　编 / 100070
电　　话 / （010）68914026（教材售后服务热线）
　　　　　　　（010）63726648（课件资源服务热线）
网　　址 / http://www.bitpress.com.cn

版 印 次 / 2025 年 3 月第 1 版第 1 次印刷
印　　刷 / 三河市天利华印刷装订有限公司
开　　本 / 787 mm×1092 mm　1/16
印　　张 / 11
字　　数 / 233 千字
定　　价 / 66.00 元

中国特色高水平高职学校项目建设系列教材
编审委员会

编 写 说 明

中国特色高水平高职学校和专业建设计划（简称"双高计划"）是我国教育部、财政部为建设一批引领改革、支撑发展、中国特色、世界水平的高等职业学校和骨干专业（群）的重大决策建设工程。哈尔滨职业技术大学（原哈尔滨职业技术学院）入选"双高计划"建设单位，学校对中国特色高水平学校建设项目进行顶层设计，编制了站位高端、理念领先的建设方案和任务书，并扎实地开展人才培养高地、特色专业群、高水平师资队伍与校企合作等项目建设，借鉴国际先进的教育教学理念，开发中国特色、国际标准的专业标准与规范，深入推动"三教改革"，组建模块化教学创新团队，实施"课程思政"，开展"课堂革命"，出版校企双元开发活页式、工作手册式、新形态的教材。为适应智能时代先进教学手段应用，学校加大优质在线资源的建设，丰富教材的载体，为开发以工作过程为导向的优质特色教材奠定基础。按照教育部印发的《职业院校教材管理办法》要求，教材编写总体思路是：依据学校双高建设方案中教材建设规划、国家相关专业教学标准、专业相关职业标准及职业技能等级标准，服务学生成长成才和就业创业，以立德树人为根本任务，融入课程思政，对接相关产业发展需求，将企业应用的新技术、新工艺和新规范融入教材之中。教材编写遵循技术技能人才成长规律和学生认知特点，适应相关专业人才培养模式创新和优化课程体系的需要，注重以真实生产项目、典型工作任务、生产流程及典型工作案例等为载体开发教材内容体系，理论与实践有机融合，满足"做中学、做中教"的需要。

本系列教材是哈尔滨职业技术大学中国特色高水平高职学校项目建设的重要成果之一，也是哈尔滨职业技术大学教材改革和教法改革成效的集中体现。教材体例新颖，具有以下特色：

第一，教材研发团队组建创新。按照学校教材建设统一要求，遴选教学经验丰富、课程改革成效突出的专业教师担任主编，邀请相关企业作为联合建设单位，形成了一支学校、行业、企业和教育领域高水平专业人才参与的开发团队，共同参与教材编写。

第二，教材内容整体构建创新。精准对接国家专业教学标准、职业标准、职业技能等级标准，确定教材内容体系，参照行业企业标准，有机融入新技术、新工艺、新规范，构建基于职业岗位工作需要的体现真实工作任务、流程的内容体系。

第三，教材编写模式形式创新。与课程改革相配套，按照"工作过程系统化""项目+任务式""任务驱动式""CDIO式"四类课程改革需要设计四种教材编写模式，创新新形态、活页式或工作手册式教材三种编写形式。

第四，教材编写实施载体创新。依据专业教学标准和人才培养方案要求，在深入企业调研岗位工作任务和职业能力分析基础上，按照"做中学、做中教"的编写思路，以企业典型工作任务为载体进行教学内容设计，将企业真实工作任务、真实业务流程、真实生产过程纳入教材之中，并开发了与教学内容配套的教学资源，以满足教师线上线下混合式教学的需要。本套教材配套资源同时在相关平台上线，可随时下载相应资源，也可满足学生在线自主学习的需要。

第五，教材评价体系构建创新。从培养学生良好的职业道德、综合职业能力、创新创业能力出发，设计并构建评价体系，注重过程考核和学生、教师、企业、行业、社会参与的多元评价，在学生技能评价上借助社会评价组织的"1+X"考核评价标准和成绩认定结果进行学分认定，每部教材根据专业特点设计了综合评价标准。为确保教材质量，哈尔滨职业技术大学组建了中国特色高水平高职学校项目建设成果编审委员会。教材编审委员会由职业教育专家组成，同时聘用企业技术专家指导。学校组织了专业与课程专题研究组，对教材编写持续进行培训、指导、回访等跟踪服务，有常态化质量监控机制，能够为修订完善教材提供稳定支持，确保教材的质量。

本系列教材是在国家骨干高职院校教材开发的基础上，经过几轮修改，融入课程思政内容和课堂革命理念，既具教学积累之深厚，又具教学改革之创新，凝聚了校企合作编写团队的集体智慧。本套教材充分展示了课程改革成果，力争为更好地推进中国特色高水平高职学校和专业建设及课程改革做出积极贡献！

哈尔滨职业技术大学
中国特色高水平高职学校项目建设成果系列教材编审委员会
2025 年 6 月

前　言

　　本书是中国特色高水平建设院校哈尔滨职业技术大学机电一体化技术专业群配套教材，引进国际先进的 CDIO 工程教学方法和思路，通过构思、设计、实现、运行（CDIO）四个基本环节构建教学内容，以工程项目设计为导向，以突出培养学生的综合应用能力为原则进行编写。

　　本书的主要特色如下：

　　（1）以职业能力为目标，以工作过程为中心，采用项目驱动的理实一体化教学模式。教学项目以智能机械臂的控制与实践为主，培养学生安装智能机械臂、编程、调试和维修维护的能力。

　　（2）采用项目模块化的课程框架。本课程全部在一体化教室组织授课，以教学项目为载体，在完成项目的每个环节中帮助学生获取经验性知识，并讲授理论知识。

　　（3）将职业技能与素质教育贯穿整个教学过程。在教学中融入 CDIO 工程教学理念，采用项目式教学模式，将智能机械臂控制所需的知识、技能、操作人员职业素养融入每个教学项目，同时锻炼学生与人协作、计划组织、自主学习设计的能力，熟悉电气安全操作规范，养成良好的职业习惯。

　　本书由哈尔滨职业技术大学胡江川、宋小丽担任主编，编写项目一；哈尔滨职业技术大学杨江、刘广东担任副主编，编写项目二和项目三；哈尔滨职业技术大学石龙、黑龙江中宇方正风力发电有限公司周骋宇担任参编，编写项目四。全书由胡江川负责统稿，哈尔滨职业技术大学杜丽萍教授负责主审。

　　本书在编写过程中，受到了哈尔滨职业技术大学领导及机电工程学院领导的重视，深圳市越疆科技有限公司、华为技术有限公司、哈尔滨电机厂有限责任公司等领导给予了帮助并提出了好的建议，在此表示衷心感谢！

　　本书建议教学学时为 72 学时，教学应在教学做一体化实训室中完成。实训室应设有学习区、工作区及实训区，以提高学生的职业能力。

　　由于时间仓促，编者水平有限，书中难免存在疏漏和不妥之处，真诚希望广大读者批评指正。

编　者

目　录

项目一 智能机械臂分拣工作站的安装与调试

项目描述

项目名称	智能机械臂分拣工作站的安装与调试
项目导入	智能机械臂分拣工作站系统使用智能语音系统和智能视觉系统，模拟人的听觉和视觉，辅以人工智能（AI）算法，结合互联网云平台的计算优势，帮助人类进行生产以及生活活动。 　　Dobot M1 是一款专为轻工业而生的、极具性价比的轻量型全感知人机协作智能机械臂，支持示教再现、脚本控制、Blockly 图形化编程、激光雕刻、3D 打印、视觉识别等功能，灵活应用于智能分拣、电路板焊接等自动化生产线，这使它既可以成为轻工业用户中解决实际问题的利剑，也可以成为创客用户想象力的承载平台。 　　Dobot M1 凭借驱动控制一体化设计，无外接控制器，安装简便；内置精心调校伺服电机、谐波减速机，并结合运动学算法，可使机械臂发挥最佳速度与力量；额定负载能力可达 1.5 kg，重复定位精度可达 0.02 mm；丰富的输入输出（I/O）接口和通信接口，可供用户二次开发时使用的特点得到广泛欢迎与应用。
项目目标	知识目标： 1. 能够分析并描述智能机械臂的组成； 2. 能够描述硬件主要技术参数； 3. 能够描述布线的工艺要求和相应的国家标准，明确电工安全注意事项； 4. 能够描述接线、安装调试的要领和注意事项。 能力目标： 1. 能够设计安装线路布局； 2. 能够选择确定安装单元元件； 3. 能够使用万用表、绝缘电阻表测量参数和调试； 4. 能够按照图纸安装和调试智能机械臂控制电路。 素质目标： 1. 具有信息获取、资料收集整理的能力； 2. 具有分析问题、解决问题的能力，以及综合运用知识的能力； 3. 具有良好的工艺意识、标准意识、质量意识、成本意识。

续表

项目名称	智能机械臂分拣工作站的安装与调试
项目要求	1. 明确工作任务，根据要求画出布局； 2. 确定元器件及材料表； 3. 制订安装计划，明确工艺要求； 4. 安装智能机械臂控制电路； 5. 检查调试智能机械臂控制电路。
实施思路	1. 构思（C）：项目构思与任务分解，学习相关知识，制订计划与流程。 2. 设计（D）：学生分组设计项目方案。 3. 实现（I）：绘图、元器件安装与布线。 4. 运行（O）：智能机械臂控制电路调试运行与项目评价。

工作过程

工作步骤	工作内容
项目构思（C）	1. 智能机械臂的主要结构及运动形式； 2. 硬件单元布局； 3. 单元技术参数； 4. 电气控制线路； 5. 安装流程。
项目设计（D）	1. 设计硬件单元布局图； 2. 设计元件布置图； 3. 设计接线图； 4. 控制原理分析； 5. 制订控制线路安装计划； 6. 确定元器件安装工艺； 7. 确定配线工艺。
项目实现（I）	1. 备齐安装智能机械臂控制线路所需电器元件和连接导线； 2. 检查元件质量； 3. 准备工具、仪表； 4. 按照安装工艺完成电器元件安装； 5. 按照步骤和工艺进行配线。
项目运行（O）	1. 检查元器件安装位置及接线是否正确，接线端接头处理是否符合工艺标准； 2. 控制线路检查，防止错接、漏接，防止不能正常运转或短路事故； 3. 自检、交验完毕，通电试车； 4. 故障现象描述； 5. 故障分析； 6. 故障检修； 7. 总结汇报； 8. 工作反思。

一、智能机械臂分拣工作站组成

智能机械臂分拣工作站以四轴机器人 M1 Pro 为核心，同时集成了语音单元、供料单元、皮带传送单元、滑槽单元、智能接线单元、可编程逻辑控制器（Programmable Logic Controller，PLC）单元、人机交互（Human－Machine Interaction，HMI）单元、工程应用安装平台、机器人外围线路电控单元和装配分拣料块单元。其能够结合云平台语音识别、本地数据集训练，实现基于人脸识别、语音识别、机器视觉、深度学习、机器人控制等多种技术融合的未来智能应用场景，可作为日常生活、商业、工业等各领域的 AI 解决方案。

（一）智能机械臂 Dobot M1

智能机械臂 Dobot M1 由四轴工业机器人组成，如图 1.1 所示。

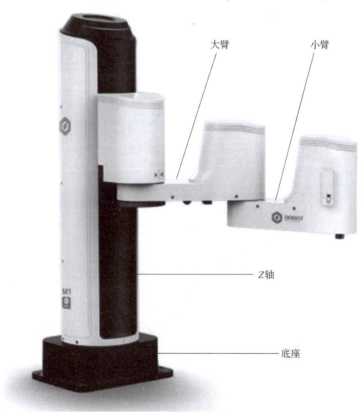

图 1.1　智能机械臂 Dobot M1

（二）语音单元

语音单元是一款高性能语音硬件解决方案，远场麦克风阵列设备，如图 1.2 所示。板载4个脉宽调制（PDM）麦克风，即使在噪声环境下，也能探测距离高达5 m的声音。设备可以进行远场声音捕获，包含4个麦克风、可用于调光和声音定向的12个可编程三原色（RGB）LED指示灯，具有波速成形、噪声抑制、消除混响等特点。

图1.2 语音单元

（三）供料单元

供料单元的外形尺寸为200 mm×90 mm×350 mm（长×宽×高），它可提供料杯，如图1.3所示。供料单元由透明有机玻璃圆筒、用于存储的杯体、型材基体、椭圆地脚盘、门式井架、推料舌块、柱形气缸、气阀岛模块、电气接口模块等组成。

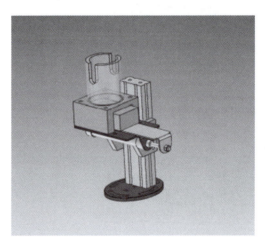

图1.3 供料单元

（四）皮带传送单元

皮带传送单元的外形尺寸为350 mm×40 mm×120 mm（长×宽×高），它可实现工件的传送。如图 1.4 所示，皮带传送单元由直流减速电机、同步轮、同步带、多楔带、多楔带轮、涨紧调节装置、型材机体、可调支架等组成。

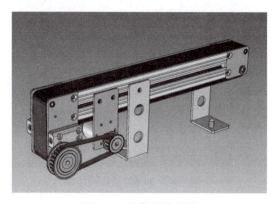

图 1.4　皮带传送单元

（五）滑槽单元

滑槽单元由型材滑道、角度调节支架等组成。滑槽单元用于货物分拣、缓冲、存储，应可实现滑道角度、高度的调节，如图 1.5 所示。根据人工语音的命令，选择不同物料进行存储。

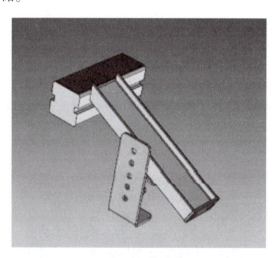

图 1.5　滑槽单元

（六）智能接线单元

智能接线单元由 DB25 连接电缆、DB25 接口模块、I/O 指示灯、导轨式安装盒、接口保护电路等组成。智能接线单元提供快速接线方法，每个模块均有一个接口模块，设备有一套总的接口模块，可快速进行系统的设计组合，如图 1.6、图 1.7 所示。

图 1.6　智能接线单元 1

图 1.7　智能接线单元 2

（七）PLC 单元

PLC 单元由西门子 CPU1214C DC/DC/DC［1 个中央处理器（CPU）1214C，紧凑型 CPU DC/DC/DC］、I/O 模块［14DI 24 V 直流输入，10 晶体管输出24 V 直流，2 模拟量输入直流（DC）0~10 V 或 0~20 mA］、供电模块（DC 20.4~28.8 V）、编程模块（数据存储区为 50 KB）组成，西门子 PLC 如图 1.8 所示。

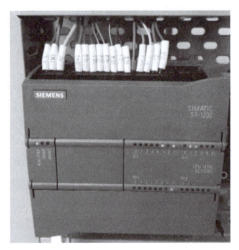

图 1.8　西门子 PLC

（八） HMI 单元

HMI 单元由 SIEMENS KTP700 工业彩色触摸屏组成。它包含 1 个 KTP700PN 基本型彩色触摸屏、7 寸[①]液晶显示屏、65 536 色、工业以太网接口，如图 1.9 所示。

图 1.9　HMI 单元

（九）　工程应用安装平台

工程应用安装平台用于安装机器人及各单元。

（十）　机器人外围线路电控单元

机器人外围线路电控单元由电控盘（带可视窗）、西门子空气开关（带漏电保护）、西门子电源模块 24 V/3 A、电源插座、机器人接口模块及电缆、现场信号模块及电缆、接线端子、线号套管、电线、线槽、导轨等组成，如图 1.10 所示。

图 1.10　机器人外围线路电控单元

---

① 此处单位为英寸（inch），1 in = 2.54 cm。

（十一）装配分拣料块单元

装配分拣料块单元按照材质可分为铝合金材料和塑料两种；按照颜色可分为银色、黄色、蓝色三种，可用于分拣、称重、装配等，如图1.11所示。

图 1.11　装配分拣料块单元

二、智能机械臂 Dobot M1 认知

（一）外观尺寸与工作空间

智能机械臂外观尺寸与工作空间如图1.12所示。

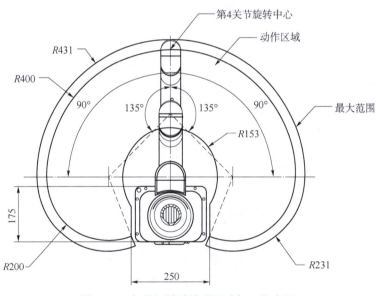

图 1.12　智能机械臂外观尺寸与工作空间

（二）坐标系

Dobot M1 的坐标系可分为关节坐标系和笛卡儿坐标系。

1. 关节坐标系

关节坐标系是指以各运动关节为参照确定的坐标系，如图1.13所示。

Dobot M1 共有 4 个关节。

（1）J1，J2，J4 关节为旋转关节，其轴线相互平行，在水平面内进行定位和定向，逆时针为正。

（2）J3 关节为移动关节，用于完成末端夹具在垂直平面内的运动，垂直向上为正。

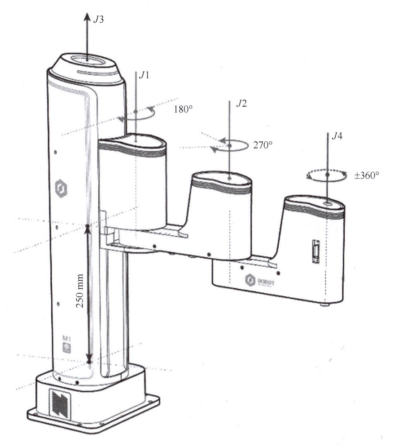

图 1.13　关节坐标系

2. 笛卡儿坐标系

笛卡儿坐标系是指以机械臂底座为参照确定的坐标系，如图 1.14 所示。

（1）坐标系原点为机械臂的大臂下垂到 Z 轴丝杠最底部时大臂电机轴线的圆心。

（2）X 轴方向垂直于固定底座向前。

（3）Y 轴方向垂直于固定底座向左。

（4）Z 轴符合右手定则，垂直向上为正方向。

（5）R 轴为末端中心相对于原点的姿态，逆时针为正。R 轴的坐标为 J1，J2 和 J4 轴的坐标之和。

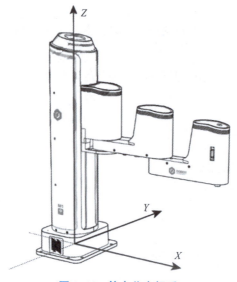

图 1.14　笛卡儿坐标系

（三）机械臂方向

Dobot M1 具备两种臂方向（左手或右手方向），即机械臂运动时小臂可以向左或者向右运动，使机械臂可以在既定的工作范围内移动到几乎任何位置和方向。机械臂运动时需要指定臂方向，如果不指定臂方向，可能会导致机械臂未按既定的路径运动，或者导致逆解路径中的点位坐标无解而限位报警，从而对外围设备造成干扰。Dobot M1 臂方向如图 1.15、图 1.16 所示。

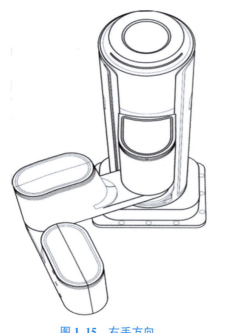

图 1.15　右手方向

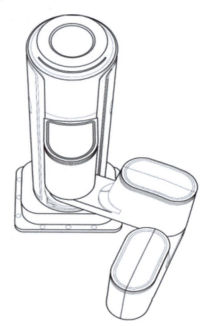

图 1.16　左手方向

（四）运动模式

机械臂运动模式包括点动（JDG）模式、点位（PTP）模式、圆弧运动（ARC）模式以及圆形运动（CIRCLE）模式，PTP 模式、ARC 模式和 CIRCLE 模式统称为存点再现运动模式。

1. 点动模式

点动模式即示教时移动机械臂，使机械臂移动至某一点。Dobot M1 的坐标系可分为笛卡儿坐标系和关节坐标系，用户可单击笛卡儿坐标系按钮或关节坐标系按钮移动机械臂。

（1）笛卡儿坐标系模式。

单击"X+""X−"按钮，机械臂会沿 X 轴正负方向移动。

单击"Y+""Y−"按钮，机械臂会沿 Y 轴正负方向移动。

单击"Z+""Z−"按钮，机械臂会沿 Z 轴正负方向移动。

单击"R+""R−"按钮，机械臂末端会沿 R 轴正负方向旋转。

（2）关节坐标系模式。

单击"J1+""J1−"按钮，可控制 J1 关节（大臂）沿正负方向旋转。

单击"J2+""J2−"按钮，可控制 J2 关节（小臂）沿正负方向旋转。

单击"J3+""J3−"按钮，可控制 J3 关节（Z 轴）沿正负方向移动。

单击"J4+""J4−"按钮，可控制 J4 关节（R 轴）沿正负方向旋转。

2. 点位模式

点位模式即实现点到点运动，Dobot M1 的点位模式包括 MOVJ 模式、MOVL 模式以及 JUMP 模式三种运动模式。不同的运动模式，示教后存点回放的运动轨迹不同。

MOVJ 模式：关节运动，由 A 点运动到 B 点，各个关节从 A 点对应的关节角运行至 B 点对应的关节角。关节运动过程中，各个关节轴的运行时间须一致，且同时到达终点，如图 1.17 所示。

MOVL 模式：直线运动，A 点到 B 点的路径为直线，如图 1.17 所示。

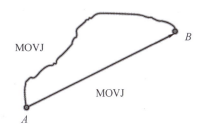

图 1.17   MOVL 模式和 MOVJ 模式

JUMP 模式：运动轨迹为"门"形，A 点到 B 点以 MOVJ 模式移动，如图 1.18 所示。

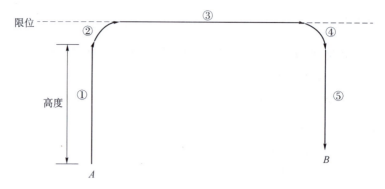

图 1.18　JUMP 运动模式

3. 圆弧运动模式

圆弧运动模式即示教后存点回放的运动轨迹为圆弧轨迹。圆弧轨迹是空间的圆弧，由当前起点、圆弧上任意一点和圆弧结束点三点共同确定。圆弧总是从起点经过圆弧上任意一点再到结束点。使用圆弧运动模式时，需结合其他运动模式确认圆弧上的三点，且三点不能在同一条直线上，如图 1.19 所示。

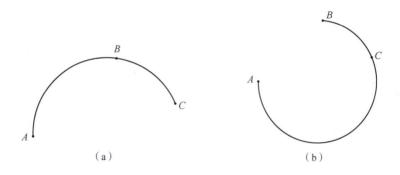

（a）　　　　　　　　　　　　　（b）

图 1.19　圆弧运动模式

（a）起点 A 终点 C；（b）起点 A 终点 B

4. 圆形运动模式

圆形运动模式与圆弧运动模式相似，示教后存点回放的运动轨迹为整圆轨迹。使用圆形运动模式时，也需要结合其他运动模式来确认圆形上的三点。

不同应用场景机械臂存点回放时，采用不同的运动模式，机械臂运动轨迹不同，其应用场景也不同，如表 1.1 所示。

表 1.1　不同运动模式对应的应用场景

运动模式	应用场景
MOVL 模式	当应用场景中要求存点回放的运动轨迹为直线时，可采用 MOVL 模式
MOVJ 模式	当应用场景中要求存点回放的运动轨迹为运动角时，可采用 MOVJ 模式

运动模式	应用场景
JUMP 模式	当应用场景中两点运动时需要抬升一定的高度，如抓取、吸取等场景，可采用 JUMP 模式
ARC 模式	当应用场景中要求存点回放的运动轨迹为圆弧时，如点胶等场景，可采用 ARC 模式
CIRCLE 模式	当应用场景中要求存点回放的运动轨迹为整圆时，可采用 CIRCLE 模式

Dobot M1 技术规格参数如表 1.2 所示。

表 1.2　Dobot M1 技术规格参数

名称	Dobot M1		
臂长	400 mm		
额定负载	1.5 kg		
最大运动范围	分类	机械限位	软件限位
	大臂	$-90°\sim90°$	$-85°\sim85°$
	小臂	$-135°\sim135°$	$-135°\sim135°$
	Z 轴丝杠	$0\sim250$ mm	$10\sim235$ mm
	末端旋转	$-360°\sim360°$	$-360°\sim360°$
最大运动速度	大小臂关节速度	180°/s	
	大小臂合成速度	2 000 mm/s	
	Z 轴速度	1 000 mm/s	
重复定位精度	±0.02 mm		
电源	电源适配器：AC 100~240 V，50/60 Hz 本体：DC 48 V		
通信接口	以太网（Ethernet），RS-232C		
I/O	22 路数字输出 24 路数字输入 6 路模数转换（ADC）输入		
控制软件	M1Studio		

　　机械限位是指通过机械零件限位实现机械臂位置的限制。软件限位是指基于保护作用，通过软件实现机械臂位置的限制。图 1.20 所示的 Z 轴运动范围为机械限位的最大运动范围。

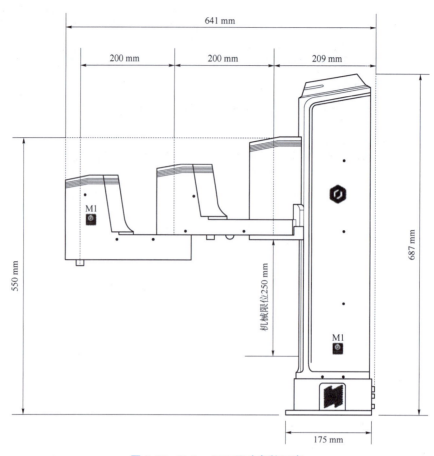

图 1.20　Dobot M1 尺寸参数示意

　　通过收集资料、小组讨论，制订完成基于智能机械臂的分拣工作站的安装与调试项目工作计划，填写项目构思工作计划单，如表 1.3 所示。

表 1.3　项目构思工作计划单

基于智能机械臂的分拣工作站的安装与调试			
班级		团队负责人	
团队成员			
序号	工作步骤	元器件/工具/材料	计划工时
1			
2			

序号	工作步骤	元器件/工具/材料	计划工时
3			
4			
5			
6			
7			
8			
9			
10			
完成本项目的重点、难点、风险点识别			
环境保护			

项目设计

根据系统结构图、硬件技术参数和电气特性说明安装智能机械臂控制平台，平台组件包括机器人单元、机器视觉单元、轨迹单元、供料单元、皮带传送单元、滑槽单元、检测单元、智能接线单元、PLC 单元、HMI 单元、工程应用安装平台、机器人外围线路电控单元和装配分拣料块单元等。

一、系统结构组成

系统结构组成如图 1.21 所示，其接线模块如图 1.22 所示。

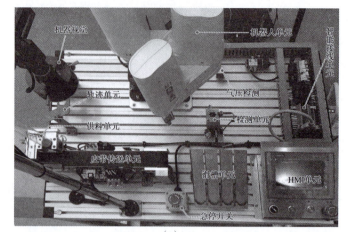

机器视觉　　　　　　　机器人单元　　智能接线单元

轨迹单元　　　　　　气压检测

供料单元　　　　　检测单元

皮带传送单元　　　滑槽单元

HMI单元

急停开关

（a）

（b）

图 1.21　系统结构组成

图 1.22　接线模块

二、主要硬件技术参数

主要硬件技术参数如表 1.4 所示。

表 1.4　主要硬件技术参数

序号	组件	数量	详细技术参数
1	智能机械臂	1 套	1. 轴数：四轴，Z 轴前置结构 2. 臂长：不小于 400 mm 3. 负载：1.5 kg 4. 重复定位精度：±0.02 mm 5. 电源：范围 100~240 V，50/60 Hz 6. 通信：传输控制协议/互联网协议（TCP/IP）、Modbus TCP 7. I/O：24 V，输入不小于 16 路 8. 24 V，输出不小于 16 路 9. 拓展接口：Ethernet 接口 2 个、编码器接口 1 组、USB 接口 2 个、外部急停接口 1 组 10. 底座安装尺寸：230 mm×175 mm 11. 本体质量：不大于 15.7 kg
2	人脸识别单元	1 套	1. 分辨率：1080 P 2. 帧率：30 f/s 3. 视场角：90° 4. 变焦：不小于 4 倍数码变焦
3	语音识别单元	1 套	1. 实时逻辑核心：不小于 16 个 2. 内置闪存：2 MB 3. 内部单周期静态随机存储器（SRAM）：512 KB 4. 内部 OTP：16 KB 5. DFU 模式：支持 6. 麦克风阵列信噪比：61 dB 7. 麦克风阵列灵敏度：−26 dBFS 8. 麦克风阵列输出：PDM 9. 音频输出：板载 Aux3.5 mm 10. 音频信号：24 b/16 kHz 或 16 b/16 kHz 立体声输出 11. 尺寸：直径 70 mm 12. 电源：MicroUSB 或扩展接头 5 V；190 mA

序号	组件	数量	详细技术参数
4	总控单元	1套	一、PLC 1. 100 KB 工作存储器、4 MB 装载存储器 2. 6个高速计数器（3个高达100 kHz；3个高达30 kHz） 3. 14个DI、10个DQ和2个AI（集成） 4. 通过以下方式进行扩展：1个信号板（SB）；8个信号模块（SM）；3个通信模块（CM） 二、HMI触摸屏 1. 显示区大小：7.0寸 2. 分辨率：800×480 3. 背光灯：LED背光灯 4. 通信接口：2路串行接口（COM1，COM2）分别可用作RS232或者RS485 5. 供电电源：DC 10~38 V 6. 功耗：5 W 三、实训平台 1. 铝合金型材结构，台面具有T形槽方便安装 2. 尺寸不小于1 060 mm×720 mm×840 mm 3. 带4个高度可调的活动脚轮，工作台可自由移动
5	供料传输单元	1套	一、传输线模块 1. 包含一条输送装置，可实现物料传送，支撑结构为铝型材，聚氯乙烯（PVC）皮带传动；采用直流电机驱动，额定电压DC 24 V，额定电流0.6 A 2. 包含自动上料装置，采用气缸驱动，缸径6 mm，行程40 mm，带磁性开关 3. 物料有无检测，采用内置小型放大器型光电传感器实现检测，检测方式为扩散反射型，检测距离为5~100 mm 二、检测模块 1. 包含颜色模块：能判别物料的颜色 2. 包含金属传感器，能区分金属和非金属，检测距离（±0.2）mm

序号	组件	数量	详细技术参数
6	智能视觉检测系统	1套	一、相机 1. 有效像素：不低于 500 万 2. 色彩：彩色 3. 像元尺寸：2.2 μm×2.2 μm 4. 靶面尺寸：1/2.5″ 5. 分辨率：不低于 2 592×1 944 6. 最大帧率：不低于 44.7f/s@ 2592×1944 7. 快门类型：卷帘曝光 8. 曝光时间：28 μs~0.6 s 9. 曝光控制：支持自动/手动曝光、一键曝光模式 10. 数据接口：USB 3.0，兼容 USB 2.0 11. 数据格式：Mono8/10/12，BayerGR8/10/10p/12/12p，YUV422_YUYV_Packed，YUV422_PackedRGB8，BGR8 12. 镜头接口：C-Mount 13. 外观尺寸：不大于 30 mm×30 mm×30 mm 14. 质量：不大于 60 g 15. 缓存容量：128 MB 16. 认证：CE，FCC，RoHS，KC 二、镜头 1. 焦距：12 mm 2. 像面尺寸：1/1.8″（φ9 mm） 3. F 数：F 2.8~F 16 4. 光学畸变：不高于-0.005% 5. 接口类型：C-Mount 6. 法兰后焦：17.526 mm 7. 最近摄距：不大于 0.1 m 8. 滤镜螺纹：M27×P0.5 9. 尺寸：不大于 φ33 mm×41 mm 10. 视场角：1/1.8″ 三、光源 1. 发光颜色：白色 2. LED 数量：不少于 48 颗发光二极管 3. 照度：不小于 40 000 lx 4. 工作距离：35~110 mm 5. 尺寸规格：内径为 40 mm，外径为 70 mm，高度为 25 mm 6. 灯镜筒外径：max φ39 mm 7. 质量：不大于 0.48 kg

序号	组件	数量	详细技术参数
7	供气单元	1套	1. 系统功率不小于 550 W 2. 最大压力不小于 7 kPa 3. 排气量不小于 32 L/min 4. 储气罐 8 L 5. 噪声 52 dB

三、电气特性说明

（一） Dobot 底座接口说明

Dobot 底座接口说明如图 1.23 所示。

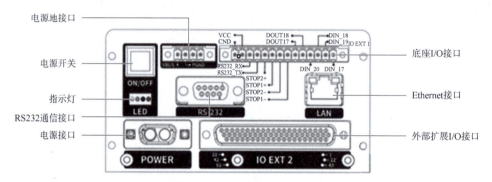

图 1.23　Dobot 底座接口说明

Dobot M1 的 I/O 接口采用统一编址的方式。用户可通过 I/O 接口实现高低电平输出、电平输入读取等功能，以控制机械臂的外围设备。PGND 表示 24 V 或 48 V 电源参考的地，AGND 表示模拟信号参考的地，GND 表示所有信号参考的地。

（二） 电源适配器接口说明

Dobot M1 电源适配器如图 1.24 所示，电源适配器输入接口说明如表 1.5 所示，电源适配器输出接口说明如表 1.6 所示。

图 1.24　Dobot M1 电源适配器

表1.5　电源适配器输入接口说明

编号	名称	功能	电压/电流
1	AC_L	电源交流输入 L 极	AC 100~240 V/2.6 A
2	AC_N	电源交流输入 N 极	AC 100~240 V/2.6 A
3	GND	地线接地端	GND

表1.6　电源适配器输出接口说明

编号	名称	功能	电压/电流
1	V+	电源直流输出正极	DC 48 V/5 A
2	V−	电源直流输出负极	GND/5 A

（三）本体接口

无外加供电电源情况下，I/O 接口的数字信号输出的电流为 2 mA；有外加供电电源情况下，数字信号输出的电流支持 3 A。

（四）电源接口

电源接口说明如表1.7所示。

表1.7　电源接口说明

编号	名称	功能	电压/电流
1	VIN	电源直流输入正极	DC 48 V/5 A
2	PGND	电源直流输入负极	GND/5 A

（五）底座 I/O 接口

底座 I/O 接口说明如表1.8所示。

表1.8　底座 I/O 接口说明

引脚	名称	功能	电压/电流
1	GND	电源负极	GND/2 A
2	VCC	电源正极	24 V/2 A（max）
3	RS232_RX	RS232 通信接收	RS232 电平
4	RS232_TX	RS232 通信发送	RS232 电平
5	STOP2+	安全输入 2 正极，用于连接急停开关	24 V/100 mA（max）
6	STOP1+	安全输入 1 正极，用于连接急停开关	24 V/100 mA（max）

引脚	名称	功能	电压/电流
7	STOP2-	安全输入2负极，用于连接急停开关	24 V/100 mA（max）
8	STOP1-	安全输入1负极，用于连接急停开关	24 V/100 mA（max）
9	DOUT17	数字信号输出	24 V/2 A（max）
10	DOUT18	数字信号输出	24 V/2 A（max）
11	DIN20	数字信号输入	24 V/100 mA（max）
12	DIN18	数字信号输入	24 V/100 mA（max）
13	DIN19	数字信号输入	24 V/100 mA（max）
14	DIN17	数字信号输入	24 V/100 mA（max）

（六）电源地接口

电源地接口说明如表1.9所示。

表1.9　电源地接口说明

引脚	名称	功能	电压/电流
1	—	—	—
2	PGND	电源负极	GND/5 A
3	—	—	—
4	—	—	—

（七）末端I/O接口

末端I/O接口如图1.25所示，末端I/O接口说明如表1.10所示。

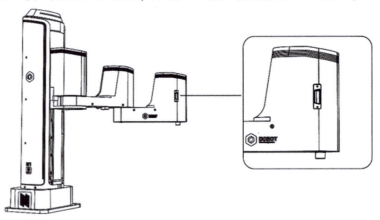

图1.25　末端I/O接口

表 1.10　末端 I/O 接口说明

引脚	名称	功能	电压/电流
1	VCC	电源正极	24 V/2 A（max）
2	DOUT19	电源正极	24 V/2 A（max）
3	DOUT20	数字信号输出	24 V/2 A（max）
4	DOUT21	数字信号输出	24 V/2 A（max）
5	DOUT22	数字信号输出	24 V/2 A（max）
6	AIN5	模拟信号输入	0～5 V/100 mA（max）
7	AIN6	模拟信号输入	0～5 V/100 mA（max）
8	AGND	模拟电源负极	AGND/1 A
9	—	—	—
10	—	—	—
11	DIN21	数字信号输入	0 V，24 V/<100 mA
12	DIN22	数字信号输入	0 V，24 V/<100 mA
13	DIN23	数字信号输入	0 V，24 V/<100 mA
14	DIN24	数字信号输入	0 V，24 V/<100 mA
15	GND	电源负极	GND/2 A

（八）DB62 外部扩展板接口

DB62 外部扩展板接口如图 1.26 所示，接口说明如表 1.11 所示。

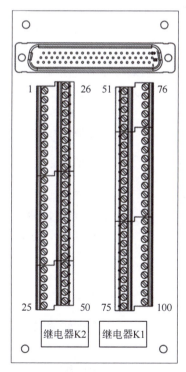

图 1.26　DB62 外部扩展板接口

表 1.11　DB62 外部扩展板接口说明

引脚	名称	功能	电压/电流
1	EX_IN9（DIN9）	数字信号输入	24 V/100 mA（max）
2	PGND	电源负极	GND/5 A
3	EX_IN10（DIN10）	复位信号	24 V/100 mA（max）
4	PGND	电源负极	GND/5 A
5	EX_IN11（DIN11）	外部 I/O 控制信号，即机械臂启动外部 I/O 控制功能	24 V/100 mA（max）
6	PGND	电源负极	GND/5 A
7	EX_IN12（DIN12）	继续信号	24 V/100 mA（max）
8	PGND	电源负极	GND/5 A
9	EX_IN13（DIN13）	暂停信号	24 V/100 mA（max）
10	PGND	电源负极	GND/5 A
11	EX_IN14（DIN14）	停止信号 触发该信号后，机械臂会停止脱机运行，但是外部 I/O 控制功能不会关闭，此时可通过 M1Studio 控制机械臂（Dobot 模式）或再次触发 EX_IN15 运行脱机脚本	24 V/100 mA（max）
12	PGND	电源负极	GND/5 A
13	EX_IN15（DIN15）	启动信号，运行脱机脚本 触发该信号前，需要先触发 EX_IN11	24 V/100 mA（max）
14	PGND	电源负极	GND/5 A
15	EX_IN16（DIN16）	数字信号输入	24 V/100 mA（max）
16	PGND	电源负极	GND/5 A
17	ON_OFF+	开机信号输入正极	24 V/100 mA（max）
18	GND	模拟电源负极	AGND/1 A（max）
19	GND	模拟电源负极	AGND/1 A（max）
20	GND	模拟电源负极	AGND/1 A（max）
21	GND	模拟电源负极	AGND/1 A（max）
22	NC2	继电器 K2 常闭	AC 250 V/5 A DC 30 V/5 A
23	NO2	继电器 K2 常开	AC 250 V/5 A DC 30 V/5 A

引脚	名称	功能	电压/电流
24	COM2	继电器 K2 公共端	AC 250 V/5 A DC 30 V/5 A
25	GND_EMC	屏蔽地	GND/5 A
26	FPGA_OUT1（DOUT11）	数字信号输出	24 V/2 A（max）
27	VCC_24 V	电源正极	24 V/2 A（max）
28	FPGA_OUT2（DOUT12）	数字信号输出	24 V/2 A（max）
29	VCC_24 V	电源正极	24 V/2 A（max）
30	FPGA_OUT3（DOUT13）	数字信号输出	24 V/2 A（max）
31	VCC_24 V	电源正极	24 V/2 A（max）
32	FPGA_OUT4（DOUT14）	数字信号输出	24 V/2 A（max）
33	VCC_24 V	电源正极	24 V/2 A（max）
34	FPGA_OUT5（DOUT15）	数字信号输出	24 V/2 A（max）
35	VCC_24 V	电源正极	24 V/2 A（max）
36	FPGA_DOUT6（DOUT16）	数字信号输出	24 V/2 A（max）
37	VCC_24 V	电源正极	24 V/2 A（max）
38	DAC_OUT1	模拟信号输出，暂不支持	—
39	GND	模拟电源负极	AGND/1 A（max）
40	DAC_OUT2	模拟信号输出，暂不支持	—
41	GND	模拟电源负极	AGND/1 A（max）
42	ON_OFF−	开机信号输入负极	0~24 V/100 mA（max）
43	IN_A/D1（AIN1）	模拟信号输入	0~10 V/100 mA（max）
44	IN_A/D2（AIN2）	模拟信号输入	0~10 V/100 mA（max）
45	IN_A/D3（AIN3）	模拟信号输入	0~10 V/100 mA（max）
46	IN_A/D4（AIN4）	模拟信号输入	0~10 V/100 mA（max）
47	EX_A1+	外部编码器 1A 相信号输入，暂不支持	—
48	EX_A1−	外部编码器 1A 反相信号输入，暂不支持	—
49	EX_B1+	外部编码器 1B 相信号输入，暂不支持	—

引脚	名称	功能	电压/电流
50	EX_B1-	外部编码器 1B 反相信号输入，暂不支持	—
51	EX_OUT1（DOUT1）	数字信号输出	24 V/2 A（max）
52	VCC_24 V	电源正极	24 V/2 A（max）
53	EX_OUT2（DOUT2）	数字信号输出	24 V/2 A（max）
54	VCC_24 V	电源正极	24 V/2 A（max）
55	EX_OUT3（DOUT3）	数字信号输出	24 V/2 A（max）
56	VCC_24 V	电源正极	24 V/2 A（max）
57	EX_OUT4（DOUT4）	数字信号输出	24 V/2 A（max）
58	VCC_24 V	电源正极	24 V/2 A（max）
59	EX_OUT5（DOUT5）	数字信号输出	24 V/2 A（max）
60	VCC_24 V	电源正极	24 V/2 A（max）
61	EX_OUT6（DOUT6）	数字信号输出	24 V/2 A（max）
62	VCC_24 V	电源正极	24 V/2 A（max）
63	EX_OUT7（DOUT7）	运行状态信号	24 V/2 A（max）
64	VCC_24 V	电源正极	24 V/2 A（max）
65	EX_OUT8（DOUT8）	报警信号	24 V/2 A（max）
66	VCC_24 V	电源正极	24 V/2 A（max）
67	VCC_24 V	电源正极	24 V/2 A（max）
68	PGND	电源负极	GND/5 A
69	CAN2_H	CAN 总线通信，暂不支持	—
70	CAN2_L	CAN 总线通信，暂不支持	—
71	VCC_5 V	电源正极	5 V/2 A
72	EX_A2+	外部编码器 2A 相信号输入，暂不支持	—
73	EX_A2-	外部编码器 2A 反相信号输入，暂不支持	—
74	EX_B2+	外部编码器 2B 相信号输入，暂不支持	—

引脚	名称	功能	电压/电流
75	EX_B2-	外部编码器 2B 反相信号输入，暂不支持	—
76	EX_IN1（DIN1）	数字信号输入	24 V/100 mA（max）
77	PGND	电源负极	GND/5 A
78	EX_IN2（DIN2）	数字信号输入	24 V/100 mA（max）
79	PGND	电源负极	GND/5 A
80	EX_IN4（DIN4）	数字信号输入	24 V/100 mA（max）
81	PGND	电源负极	GND/5 A
82	EX_IN4（DIN4）	数字信号输入	24 V/100 mA（max）
83	PGND	电源负极	GND/5 A
84	EX_IN5（DIN5）	数字信号输入	24 V/100 mA（max）
85	PGND	电源负极	GND/5 A
86	EX_IN6（DIN6）	数字信号输入	24 V/100 mA（max）
87	PGND	电源负极	GND/5 A
88	EX_IN7（DIN7）	数字信号输入 开启安全防护功能时，作为安全防护输入 SI0（Safeguard Input 0）	24 V/100 mA（max）
89	PGND	电源负极	GND/5 A
90	EX_IN8（DIN8）	数字信号输入 开启安全防护功能时，作为安全防护输入 SI1（Safeguard Input 1）	24 V/100 mA（max）
91	PGND	电源负极	GND/5 A
92	PGND	电源负极	GND/5 A
93	VCC_24 V	电源正极	24 V/2 A（max）
94	RS-485_A	RS485A 总线通信，暂不支持	—
95	RS-485_B	RS485B 总线通信，暂不支持	—
96	GND	模拟电源负极	AGND/1 A（max）
97	NC1	继电器 K1 常闭	AC 250 V/5 A DC 30 V/5 A
98	NO1	继电器 K1 常开	AC 250 V/5 A DC 30 V/5 A
99	COM1	继电器 K1 公共端	AC 250 V/5 A DC 30 V/5 A
100	GND_EMC	屏蔽地	GND/5 A

一、硬件安装

机械臂的运行环境温度请控制在 5~40 ℃，湿度请控制在 45%~75%，且无凝露。

（一）电源连接

电源连接线如图 1.27、图 1.28 所示。电源适配器输入接口、输出接口说明如表 1.12、表 1.13 所示。

图 1.27 电源输出线

图 1.28 电源输入线

表 1.12 电源适配器输入接口说明

编号	名称	功能	电压/电流
1	AC_L	电源交流输入 L 极	AC 100~240 V/2.6 A
2	AC_N	电源交流输入 N 极	AC 100~240 V/2.6 A
3	GND	地线接地端	GND

表 1.13 电源适配器输出接口说明

编号	名称	功能	电压/电流
1	V+	电源直流输出正极	DC 48 V/5 A
2	V−	电源直流输出负极	GND/5 A

电源连接具体操作步骤如下。

（1）将电源输入线缆一端黄绿双色线缆接入电源适配器的 GND，蓝色线缆接入 N 极，棕色线缆接入 L 极，并用十字螺丝刀拧紧压线圈，如图 1.29 所示。如果无法接入，请先用十字螺丝刀松开压线圈。

图 1.29　连接电源输入线缆和电源适配器

（2）将电源输出线缆一端红色线缆和黑色线缆分别接入电源适配器的 V+ 和 V− 引脚，并用十字螺丝刀拧紧压线圈，如图 1.30 所示。如果无法接入，请先用十字螺丝刀松开压线圈。

图 1.30　连接电源输出线缆和电源适配器（附彩插）

（3）将电源输出线缆的另一端插入 Dobot M1 底座的外接电源接口，如图 1.31 所示。

（4）将电源输入线缆的另一端插入 AC 220 V 插座。

图 1.31　连接 Dobot M1

（二）急停开关连接

　　用户在使用 Dobot M1 前，须外接急停开关，以保证 Dobot M1 运行过程中能紧急停止，使机械臂的驱动器断电。机械臂第一次上电时请确保急停开关已打开（急停开关上的红色按钮弹起），否则机械臂无法正常运行。急停开关打开方法为按顺时针方向旋转急停开关上的红色按钮，旋转约 45° 时红色按钮弹起即表示打开成功。

　　将连接了急停开关的接线端子排接在 Dobot M1 底座 I/O 接口上，并用一字螺丝刀将接线端子排固定，如图 1.32 所示。

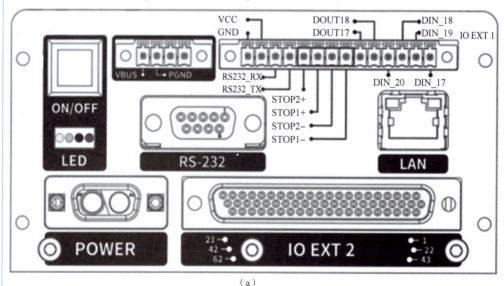

（a）

图 1.32　急停开关连接示意

（b）

图 1.32　急停开关连接示意（续）

（三）串口连接

串口连接的前提条件是已获取 USB 转串口线，一端为标准的 USB 口插头，另一端是标准的 9 针串口插头。如果 Dobot M1 的 SN 编号为 DT211811×××及以前编号，则需要自行获取 USB 转串口线。SN 编号可选择"M1Studio"→"帮助"→"关于 M1Studio"命令查看。若已通过 USB 转串口线连接 Dobot M1 与 PC，则不能通过网线连接。二者只能选择其中一种，否则会冲突，导致无法连接。

串口连接的操作步骤如下。

（1）将 USB 转串口线的串口插入 Dobot M1 底座上的串口接口。如果 Dobot M1 的 SN 编号为 DT211812×××及以后编号，则可直接将 USB 转串口线的串口插入 Dobot M1 底座上的串口接口，如图 1.33 所示。

图 1.33　串口连接（1）

如果 Dobot M1 的 SN 编号为 DT211811×××及以前编号，则需要将 USB 转串口线连接至 USB 转串口延长线，如图 1.34 的框中所示。

图 1.34　串口连接（2）

（2）将 USB 转串口线的 USB 接口插入 PC 的 USB 接口。

（3）启动 Dobot M1 并打开 M1Studio。在 M1Studio 界面左上方的串口下拉列表中可以查看并选择相应的串口信息，单击"连接"按钮即可，如图 1.35 所示。

图 1.35　M1Studio 串口信息示意

（四）网线连接

用户除可以通过 USB 转串口线连接 Dobot M1 与 PC 外，还可以通过网线连接，但是两者只能选择其中一种，否则会产生冲突，导致无法连接。通过网线连接时，Dobot M1 的 IP 地址与 PC 的 IP 地址须在同一网段。若已通过 USB 转串口线连接 Dobot M1 与 PC，则不能通过网线连接。

1. 直接连接

Dobot M1 与 PC 通过网线直接连接，这种连接方式仅适用于 PC 单独控制 Dobot M1 的情况，直接连接方式如图 1.36 所示。

如果 Dobot M1 的 SN 编号为 DT211812×××及以后编号，则参考以下步骤连接。其中，×××为

图 1.36　直接连接方式

随机序列编号，请根据实际情况替换。SN 编号可选择"M1Studio"→"帮助"→

"关于 M1Studio"命令查看，步骤如下：

（1）启动 Dobot M1 并打开 M1Studio 窗口。

（2）在 M1Studio 窗口选择"工具"→"强制配置 IP"命令，打开"强制配置
IP"对话框。

（3）在"强制配置 IP"对话框中单击"强制配置 IP"按钮，系统将 Dobot M1
的 IP 地址强制配置为与 PC 同一网段的 IP 地址，如图 1.37 所示。

图 1.37　强制配置 IP 地址

注意：

（1）强制配置 IP 地址时，请确保 PC 的 IP 地址属于 C 网段的 IP 地址，否则无
法强制配置成功。C 网段 IP 地址范围是 192.0.0.0~223.255.255.255，默认子网掩
码为 255.255.255.0。

（2）强制配置 IP 地址功能建议在仅一台 PC 控制一台 Dobot M1 时使用。如果
一台 PC 同时控制多台 Dobot M1，使用强制配置 IP 地址功能修改其中一台 Dobot M1
的 IP 地址时，会同时修改所有 Dobot M1 的 IP 地址。

（3）关闭"强制配置 IP"对话框后，可在 M1Studio 窗口的串口下拉列表中查
看并选择相应的 IP 地址信息，单击"连接"按钮即可，如图 1.38 所示。

图 1.38　IP 地址信息

如果 Dobot M1 的 SN 编号为 DT211811×××及以前编号，则参考以下步骤连接。假设
PC 与 Dobot M1 通过网线直接相连，PC 的本地 IP 地址为 192.168.1.10，子网掩码为

255.255.255.0。用户可以在 CMD 控制台执行 ipconfig/all 命令查看 PC 的本地 IP 地址信息。

注意：

（1）请确保 PC 的 IP 地址属于 C 网段的 IP 地址，否则无法配置成功。C 网段 IP 地址范围为 192.0.0.0~223.255.255.255，默认子网掩码为 255.255.255.0。

（2）Dobot M1 的 IP 地址和 PC 的本地 IP 地址须在同一网段，且不冲突，子网掩码与 PC 的子网掩码保持一致。如果 Dobot M1 的 SN 编号为 DT211811×××及以前编号，则不支持强制配置 IP 地址功能，须按以下步骤配置 IP 地址。如果用户需使用强制配置 IP 地址功能，则须按以下步骤配置 IP 地址后，再升级 A9 固件至 02005800 及以后版本后才能使用。

1）在 M1Studio 窗口的串口下拉列表中选择 Dobot M1 相应的串口，单击"连接"按钮。

2）在 M1Studio 窗口选择"工具"→"IP 地址设置"命令，弹出"Dobot M1 IP 设置"对话框。

3）在"Dobot M1 IP 设置"对话框中设置 IP 地址、子网掩码。如将 IP 地址修改为 192.168.1.20。

4）在"Dobot M1 IP 设置"对话框中单击"确认"按钮。如果"Dobot M1 网络状态"变为"已连接局域网"，则说明 IP 地址设置成功。

5）在 M1Studio 窗口左上方单击"断开连接"按钮。2 s 后，在 M1Studio 窗口的串口下拉列表中会出现设置后的 IP 地址，选择此 IP 地址，并单击"连接"按钮即可。

2. 通过路由器连接

Dobot M1 与 PC 通过路由器连接的方法，适用于 PC 同时控制多台 Dobot M1 的情况。注意，强制配置 IP 地址功能建议在仅一台 PC 控制一台 Dobot M1 时使用。如果一台 PC 同时控制多台 Dobot M1，使用强制配置 IP 地址功能修改其中一台 Dobot M1 的 IP 地址时，会同时修改所有 Dobot M1 的 IP 地址。

（1）连接前提条件：PC 已连接局域网。

（2）操作步骤如下：

1）将网线一头接入 Dobot M1 底座的 Ethernet 接口。

2）将网线另一头接入与 PC 同一局域网（LAN）的路由器，如图 1.39 所示。

3）启动 Dobot M1 并打开 M1Studio 窗口。在 M1Studio 窗口的串口下拉列表中可以查看并选择相应的 IP 地址信息，单击"连接"按钮即可。

（3）异常处理。

如果启动 Dobot M1 后，M1Studio 窗口的串口下拉列表中未显示 IP 地址信息，则可以参考以下步骤获取 IP 地址信息。

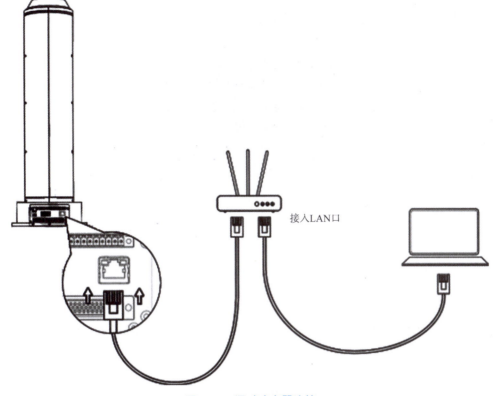

接入LAN口

图 1.39　通过路由器连接

1）通过串口连接后，选择"工具"→"IP 地址设置"命令，在弹出的"Dobot M1 IP 设置"对话框中勾选"动态主机配置协议（DHCP）"复选框并单击"确认"按钮即可。

2）在 M1Studio 窗口的串口下拉列表中选择 Dobot M1 相应的串口，单击"连接"按钮。如果"连接"图标变成"断开连接"图标，则说明 Dobot M1 与 PC 连接正常。

3）在 M1Studio 窗口选择"工具"→"IP 地址设置"命令，弹出"Dobot M1 IP 设置"对话框。

4）在"Dobot M1 IP 设置"对话框中勾选"动态主机配置协议（DHCP）"复选框并单击"确认"按钮。

5）在 M1Studio 窗口中单击"断开连接"按钮。2 s 后，M1Studio 窗口串口下拉列表中会显示 IP 地址信息，重新单击"连接"按钮即可。

（五）气泵盒安装

用户利用夹爪或吸盘吸取实物时，还须安装配套的气泵盒，气泵盒的启停可通过 I/O 接口控制。项目提供的气泵盒仅用于 I/O 接口调试。用户在实际工业应用中须选择专业的气源。气泵盒如图 1.40 所示，其中，框中线缆说明如表 1.14 所示。

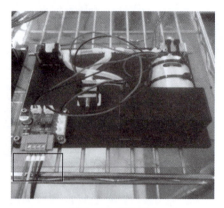

图 1.40　气泵盒

表 1.14　线缆说明

线缆颜色	说明
红色	VCC_24 V
黑色	PGND
黄色	OUT1，控制气泵进气和出气
蓝色	OUT2，控制气泵的启停

　　假设将气泵盒连接至底座 I/O 接口，气泵盒的黄色线缆和蓝色线缆分别接入底座 I/O 接口上的数字输出引脚，对应底座 I/O 接口中的 DOUT17 和 DOUT18 引脚。红色线缆和黑色线缆分别接入底座 I/O 接口的 VCC_24 V 和 CAN 总线接口上的 GND 引脚，并用一字螺丝刀拧紧压线圈。其中，黄色线缆和蓝色线缆的连接引脚可互换。气泵连接如图 1.41 所示，本项目仅为示例，请用户根据需求选择合适的接口进行连接。

图 1.41　气泵连接（附彩插）

注意：

　　当气泵盒连接 I/O 接口时，端子不能裸露在空气中，以免发生短路；为了适配所有的 I/O 接口，气泵盒的端子会稍长。如果在连接时出现裸露的情况，则需要裁剪端子。端子规范连接示意如图 1.42 所示。

二、软件安装

(一) 环境要求

M1Studio 支持的操作系统有 Windows 7、Windows 8 和 Windows 10。

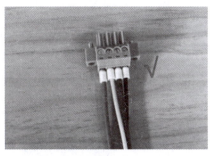

图 1.42 端子规范连接示意（附彩插）

(二) M1Studio 软件包获取

使用 Dobot M1 前，请下载配套版本的控制软件 M1Studio，其下载路径为 http://cn. dobot. cc/downloadcenter/dobot-m1. html#most-download。

(三) M1Studio 软件安装

（1）解压已获取的 M1Studio 软件包。本项目 M1Studio 软件包解压存放的路径为 "E:\M1Studio"，请用户根据实际情况替换。

（2）在 M1Studio 解压的文件夹 "E:\M1Studio" 中双击 "M1Studio. exe"，弹出 "选择安装语言" 对话框。

（3）请根据实际情况，选择安装语言。

（4）单击 "下一步" 按钮。

（5）在 M1Studio 安装界面单击 "浏览" 按钮选择 M1Studio 的安装路径，单击 "下一步" 按钮，如图 1.43 所示。

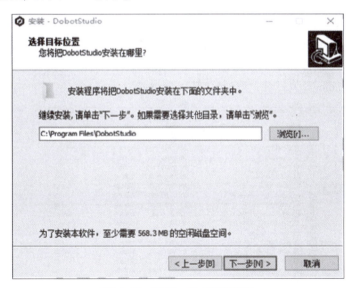

图 1.43 M1Studio 安装界面

（6）在弹出的界面中，勾选 "创建桌面图标" 复选框，单击 "下一步" 按钮。

（7）单击 "安装" 按钮。等待 40 s 左右，弹出 FTDI CDM Drivers 对话框，如图 1.44 所示。

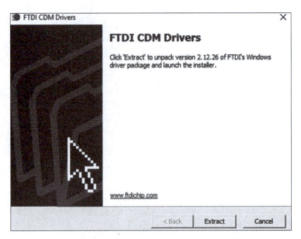

图 1.44　FTDI CDM Drivers 对话框

（8）在 FTDI CDM Drivers 对话框中按照对话框提示单击 Extract 按钮，安装 USB 转串口驱动。

（9）驱动安装完成后，在 M1Studio 安装界面单击"下一步"按钮。

（10）单击"完成"按钮。

（四）安装后验证

安装完成后双击 M1Studio 软件，如果 M1Studio 能够打开，则说明安装成功。

（五）异常处理

如果用户无法打开 M1Studio 软件，则需要在 "C：\ProgramFiles\M1Studio\attach-ment" 目录下安装 VC++库，VC++库信息如图 1.45 所示，"C：\ProgramFiles\M1Studio\attachment" 目录下的所有 VC++库都需要安装。其中，"C：\ProgramFiles\M1Studio" 为本项目 M1Studio 安装目录，请根据实际情况替换。

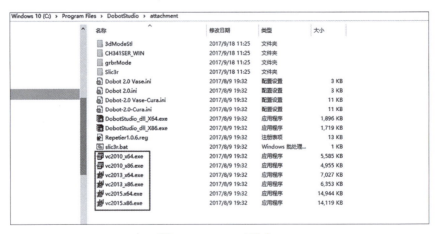

图 1.45　VC++库信息

填写项目实现工作记录单，如表 1.15 所示。

表 1.15　项目实现工作记录单

项目名称	基于智能机械臂分拣工作站的安装与调试	
班级	团队负责人	
团队成员		
项目工作情况		
项目实施过程遇到的问题		
相关资料及资源		
执行标准或工艺要求		
注意事项		
备注		

项目运行

　　智能机械臂 Dobot M1 在出厂时，已完成了原点设置等各种设置，可以直接投入使用。待 Dobot M1 全部安装完毕且检查线缆后，可以进行系统调试。

一、智能机械臂启动调试

（一）启动调试前提条件

（1）M1Studio 已启动。
（2）已通过串口线连接 Dobot M1 与 PC。
（3）（可选）已通过网线连接 Dobot M1 与 PC。
（4）已连接 Dobot M1 和急停开关。

（二）操作步骤

　　开启 Dobot M1。Dobot M1 上电时底座接口板黄色指示灯常亮，约 15 s 后闪烁一次，再常亮约 5 s，最后熄灭，表示 Dobot M1 通电正常，系统正在启动；待黄色指示灯熄灭后，绿色指示灯常亮约 5 s，再一直闪烁，表示机械臂已启动完成。

注意，机械臂在第一次上电时须连接 M1Studio 检查 Z 轴或 J3 轴坐标，如果 Z 轴或 J3 轴坐标在 10 mm 以下，会触发 J3 轴限位报警，同时机械臂底座红色指示灯常亮，此现象为正常情况。此时需要在关节坐标系下单击"J3+"按钮，在 J3 轴移动到 10 mm 以上的位置后即可清除报警。

在 M1Studio 窗口的串口下拉列表中选择 Dobot M1 对应串口，单击"连接"按钮。如果"连接"图标变成"断开连接"图标，则表示 Dobot M1 与 PC 连接成功，Dobot M1 可通过 M1Studio 控制，如图 1.46 所示。

图 1.46　连接成功示意

注意：

（1）用户也可以通过网线连接 Dobot M1 和 PC，可在 M1Studio 窗口的串口下拉列表中选择 Dobot M1 对应的 IP 地址，单击"连接"按钮。详细步骤请参见网线连接。

（2）仅当 Dobot M1 处于 Dobot 模式时，M1Studio 才能与 Dobot M1 连接。通过网线连接 Dobot M1 和 PC 后，即在 M1Studio 窗口的串口下拉列表中选择 Dobot M1 对应的 IP 地址后，可在"工具>脱机管理"的首页查看 Dobot M1 的当前模式，如图 1.47 所示，如果为其他模式，请切换至 Dobot 模式。

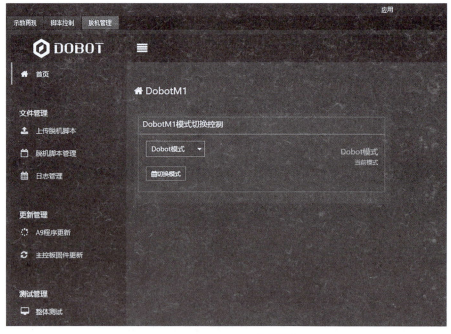

图 1.47　Dobot M1 当前模式

二、智能机械臂关机调试

（一）关机调试前提条件

（1）Dobot M1 已上电。

（2）已连接 Dobot M1 和急停开关。

（二）操作步骤

在 Dobot M1 底座接口板长按开关按钮约 5 s 后松开，断开整个系统的电源。所有指示灯全熄灭，且机械臂会向下移动一段距离，说明 Dobot M1 关机成功。

注意，只有在系统启动完成状态下（绿色 LED 灯闪烁时）才能长按开关按钮关机。在没有启动成功的情况下，只有强制断电才能完成 Dobot 关机操作。

三、急停功能调试

（一）调试前提条件

（1）Dobot M1 已上电，且与 PC 正常连接。

（2）已连接 Dobot M1 和急停开关。

（二）操作步骤

（1）使机械臂处于运行状态。按下急停开关上的红色按钮，使机械臂处于急停状态，如图 1.48 所示。

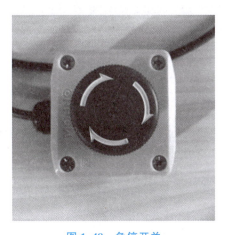

图 1.48　急停开关

如果机械臂能够立即停止，且机械臂产生报警，机械臂底座红色指示灯亮，则说明急停功能正常。按顺时针方向旋转急停开关上的红色按钮，旋转约 45°时红色按钮弹起，解除急停状态。

（2）在 M1Studio 窗口双击产生的报警提示，如图 1.49 所示，弹出"报警和日志"对话框。

图 1.49 报警提示示意

（3）在"报警和日志"对话框的"Dobot M1 报警"选项卡中，单击"重启"按钮，重新启动 Dobot M1，如图 1.50 所示。如果重新启动后 Dobot M1 能够正常运行，则说明解除急停成功。

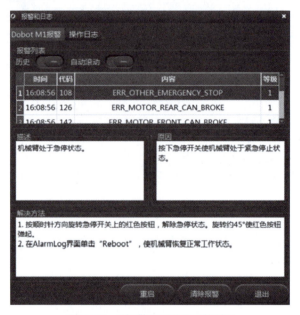

图 1.50 "报警和日志"对话框

四、下使功能调试

用户可对电机下使功能进行调试，使机械臂的电机处于开环状态，此时可以移动机械臂。

（一）调试前提条件

（1）Dobot M1 已上电，且与 PC 正常连接。
（2）已连接 Dobot M1 和急停开关。

（二）操作步骤

（1）在 M1Studio 的"操作面板"对话框中单击电机的 ▄▄ 图标，如图 1.51 所示。

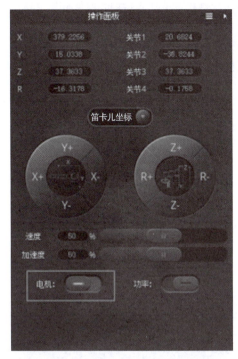

图 1.51 "操作面板"对话框

如果 图标变为 图标，且机械臂向下移动一段距离，则说明机械臂的电机处于开环状态。

（2）用手移动机械臂，检查是否能移动。如果机械臂能移动，则说明电机下使功能正常。

五、运动功能调试

进行智能机械臂存点再现运动模式调试，运动模式包括点动模式、点位模式、圆弧运动模式及圆形运动模式。

六、点动功能调试

（一）调试前提条件

（1）Dobot M1 已上电，且与 PC 正常连接。

（2）已连接 Dobot M1 和急停开关。

（二）操作步骤

下面以笛卡儿坐标系为例进行点动功能调试，关节坐标系的调试方法与笛卡儿坐标系的调试方法相似，用户需要在"操作面板"对话框中选择"关节坐标"命令，单击"J1+""J1-""J2+""J2-""J3+""J3-""J4+""J4-"按钮来移动机械臂的位置。

（1）在 M1Studio 的"操作面板"对话框的坐标系下拉列表中选择"笛卡儿坐标"命令。对话框中显示笛卡儿坐标系，如图 1.52 所示。

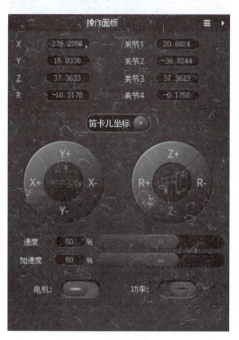

图 1.52　笛卡儿坐标系模式

（2）在"操作面板"对话框中拖动"速度"的滑动条，可改变点动时机械臂各个坐标系的运动速度百分比。其运动速度为各坐标系的最大速度乘以滑动条上显示的百分比。

（3）在"操作面板"对话框中拖动"加速度"的滑动条，可改变点动时机械臂各个坐标系的运动加速度百分比。其运动加速度为各坐标系的最大加速度乘以滑动条上显示的百分比。

（4）在"操作面板"对话框中单击"X+"按钮，可使机械臂沿笛卡儿坐标系的 X 轴正方向移动；单击"X-"按钮，可使机械臂沿笛卡儿坐标系的 X 轴反方向移动。

（5）用户也可以在"操作面板"对话框中单击"Y+""Y-""Z+""Z-""R+""R-"按钮，使机械臂在笛卡儿坐标系下沿 Y 轴、Z 轴或 R 轴方向运动。

七、存点再现功能调试

（一）调试前提条件

（1）Dobot M1 已上电，且与 PC 正常连接。
（2）已连接 Dobot M1 和急停开关。

（二）操作步骤

下面以 MOVL 模式为例进行存点再现功能调试，用户也可选择其他运动模式，如 MOVJ，JUMP，ARC，CIRCLE。

（1）根据点动功能调试，将机械臂移动至一点。

（2）在 M1Studio 窗口中单击"示教再现"标签，进入"示教再现"选项卡（参见项目拓展）。

（3）在"增加运动指令"选项区域下拉列表中选择 PTP 和 MOVJ 运动模式。

（4）在"示教再现"选项卡中选中"增加存点"单选按钮。

（5）在"示教再现"选项卡的"增加运动指令"选项区域中设置"速度"和"加速度"的参数，单击"增加运动指令"按钮，将步骤（1）的信息记录下来。其中，"速度"和"加加速度"分别为存点回放时各坐标系速度和加速度变化速率的百分比。存点回放的速度为各坐标系存点回放的最大速度乘以滑动条上显示的百分比；加速度变化率为各坐标系存点回放的最大加速度变化率乘以滑动条上显示的百分比。

（6）单击"增加时间指令"选项区域下拉列表选择上一个存点的暂停时间，并单击"增加时间指令"按钮。

（7）参考步骤（1）～步骤（6），将机械臂移动至另一点，并存点。

（8）在"示教再现"选项卡中单击"开始"按钮，可使机械臂按存点列表信息运动。用户也可通过开启手持示教功能进行存点，详细操作步骤如下。

1）在"示教再现"选项卡单击"增加运动指令"选项区域下拉列表框选择 PTP 和 MOVJ 运动模式。

2）勾选"开启手持示教"复选框。此时会屏蔽"增加运动指令"按钮。

3）在 M1Studio 的"操作面板"对话框中单击电机的 ▬▬ 图标，使机械臂的电机处于开环状态。

4）用手移动机械臂至某一点后，按住机械臂大臂下方的开关即可进行存点。

八、回零功能调试

在更换机械臂的电机、减速器等传动部件，编码器电池等零部件，或者与工件发生碰撞等情况下，机械臂的出厂校准位置会发生变化，此时恢复出厂校准位置后，还须对机械臂进行回零操作。

机械臂在 J1 轴、J2 轴、J3 轴分别设置了回零开关，当机械臂运行至回零开关时，回零开关会输出一个电信号，此时机械臂会低速反向运动，在脱离回零开关位置后停止运动，说明机械臂已经到达零点位置。

注意，仅 SN 编号为 DT2118××××及以后编号的 Dobot M1 才安装回零开关。若不是，则不能通过此方法进行回零操作。其中，××××为随机序列编号，请根据实际情况替换。

执行回零操作前请确保 Dobot M1A9 固件为 02005800 及以后版本，Dobot 固件为 1.3.0 及以后版本，驱动固件为 1.3.2 及以后版本。否则，回零过程中会触发限位报警，导致回零失败。Dobot M1 固件版本可选择"M1Studio"→"帮助"→"关于 M1Studio"命令查看。

（一）调试前提条件

（1）Dobot M1 已上电，且与 PC 正常连接。

（2）已连接 Dobot M1 和急停开关。

（二）操作步骤

执行回零操作时请勿使用 Initialization.exe 软件，防止机械臂未按既定的路径运动，从而对外围设备造成干扰，损坏设备。

在 M1Studio 窗口中选择"工具"→"归零"命令，机械臂会按以下步骤动作。

（1）机械臂 $J3$ 轴移动至正向限位位置附近，触发 $J3$ 轴回零开关后低速反向运动，脱离回零开关位置后停止运动。

（2）$J1$ 轴和 $J2$ 轴以左手方向移动至限位位置附近，触发 $J1$ 轴回零开关和 $J2$ 轴回零开关后低速反向运动，脱离回零开关位置后停止运动，到达回零位置，此时说明回零完成。回零完成后，机械臂以此位置为机械臂零点位置，机械臂最终坐标值如图 1.53 所示。如果回零后坐标值与图 1.53 相比误差较大，说明回零失败，请重新回零。

图 1.53　回零坐标值

完成项目后，填写运行记录单。项目一运行记录单如表 1.16 所示。

表 1.16　项目一运行记录单

项目名称	基于智能机械臂分拣工作站的安装与调试		
班级		团队负责人	
团队成员			
项目构思是否合理			

学习笔记

项目设计 是否合理	
项目实现过程中 遇到了哪些问题	
项目运行时的 故障点有哪些	
调试中运行 是否正常	
备注	

项目拓展

智能机械臂示教再现控制训练

要求：使用 M1Studio 中的"示教再现"实现示教存点，利用延时、机械臂运动方式、I/O 控制等指令控制智能机械臂实现简单的物块吸取与放置。

实施步骤如下。

（1）选择一个实物，将其放置于智能机械臂附近，可在 M1Studio 的"操作面板"对话框中选择以下任意方法将智能机械臂移动至实物上方（假设为 A 点）。智能机械臂至实物距离请根据实际情况决定。

1）在"操作面板"对话框坐标系下拉列表中选择"笛卡儿坐标"命令，单击笛卡儿坐标系按钮。

2）在"操作面板"对话框坐标系下拉列表中选择"关节坐标"命令，单击关节坐标系按钮。

3）在"操作面板"对话框中单击电机的 图标，用手移动智能机械臂。

（2）在 M1Studio 窗口单击"示教再现"标签选择"示教再现"选项卡。

（3）选中"增加存点"单选按钮。

（4）在"增加运动指令"选项区域下拉列表中选择运动模式为 PTP 和 JUMP 运动模式，如图 1.54 所示。

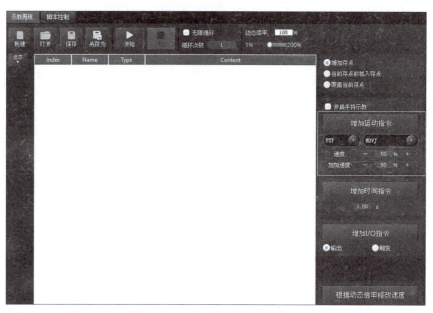

图 1.54　运动模式选择示意

（5）在"增加运动指令"选项区域设置存点回放的速度百分比"速度"和加速度变化速率百分比"加加速度"的参数，假设均设置为 50%，单击"增加运动指令"按钮，将信息存点。在"示教再现"左侧界面显示 Type 为 JUMP 的存点信息，如图 1.55 所示。

图 1.55　坐标值显示示意

在 JUMP 运动模式下其"抬升高度"（height）和"最大抬升高度"（limit）需要通过双击当前存点 Content 显示的内容来修改，如图 1.55 所示。注意，在 JUMP

运动模式下如果抬升了一定高度后不需要抬升至最大高度，则取消勾选"使用该参数"复选框，如图1.56所示。

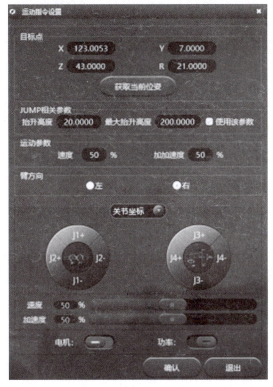

图 1.56 运动参数设置

（6）在"增加时间指令"选项区域的下拉列表中设置 A 点的暂停时间，假设为 3 s，单击"增加时间指令"按钮。"示教再现"左侧界面会显示 Type 为 WAIT 的存点信息。

（7）利用末端的吸盘套件吸住实物。

注意，假设使用底座 I/O 接口的 DOUT17、DOUT18 控制气泵。DOUT17 控制气泵的吸气和出气，DOUT18 控制气泵的启停。本操作仅为示例，在真实场景中，使用的 I/O 接口不同，输出的 I/O 引脚也会不同，请根据实际情况替换。

1）在"增加 I/O 指令"选项区域选中"输出"单选按钮。"示教再现"左侧界面会显示 Type 为 OUTPUT 的存点信息。

2）在"示教再现"左侧界面选中 Type 为 OUTPUT 的存点，双击 Content，弹出"I/O 指令设置"窗口。

3）在"I/O 指令设置"选项区域下拉框勾选 OUT17 并选中 24 V，单击"添加"按钮。

4）重复执行步骤 1）～步骤 3），添加 OUT18 并选中 24 V，单击 OK 按钮。"示教再现"左侧界面 Type 为 OUTPUT 的存点会显示 I/O 引脚的相关信息，单击"执行选择的存点"按钮，气泵会处于运行状态，实物会被机械臂吸住。

（8）在"操作面板"对话框坐标系下拉列表中选择"笛卡儿坐标"命令，单击

"Z+"按钮升高智能机械臂，单击坐标系面板上的其他按钮，如"X+"按钮，将智能机械臂移动至另外一点，假设为 B 点。

（9）参考步骤（3）~步骤（7），记录 B 点的存点信息。

（10）利用末端的吸盘套件释放实物。

注意，假设使用底座 I/O 接口的 DOUT17，DOUT18 控制气泵。本操作仅为示例，在真实场景中，使用的 I/O 接口不同，输出的 I/O 引脚也会不同，请根据实际情况替换。

1）在"增加 I/O 指令"界面选择"输出"单选按钮。"示教再现"左侧界面会显示 Type 为 OUTPUT 的存点信息。

2）在"示教再现"左侧界面选中 Type 为 OUTPUT 的存点，双击 Content，弹出"I/O 指令设置"窗口。

3）在"I/O 指令设置"选项区域下拉框勾选 OUT17 并选中 0 V，单击"添加"按钮。

4）重复执行步骤 1）~步骤 3），添加 OUT18 并选中 24 V，单击"确认"按钮。

5）"示教再现"左侧界面 Type 为 OUTPUT 的存点会显示 I/O 引脚的相关信息，再次单击"执行选择的存点"按钮，气泵会处于关闭状态，实物会被智能机械臂释放。

（11）在"示教再现"选项卡中单击"保存"按钮，弹出"保存"对话框。

（12）输入存点列表的名称和保存路径。存点列表的默认保存路径为"安装目录/M1Studio/config/pbstore"，可根据实际情况替换。在"示教再现"选项卡中单击"开始"按钮，智能机械臂根据存点列表回放运动轨迹，对实物进行吸取和释放。

工程训练

根据智能机械臂的运动范围、运动方式，使用 M1Studio 软件的"示教再现"功能，完成对智能机械臂进行存点示教，设计智能机械臂动作，并处理一些常见的异常报警情况。

项目二　机器视觉应用平台的控制与编程

项目描述

项目名称	机器视觉应用平台的控制与编程
项目导入	如今，自动化技术在我国发展迅猛，人们对于机器视觉的认识更加深刻，对于它的看法也发生了很大的转变。机器视觉系统提高了生产的自动化程度，让不适合人工作业的危险工作环境变成可能，让大批量、持续生产方式变成现实，大大提高了生产效率和产品精度。其可以快速获取信息并自动处理的性能，也同时为工业生产的信息集成提供了方便。随着机器视觉技术的成熟与发展，其应用范围也更加广泛，大致可以分为机器视觉在图像识别、图像检测、视觉定位、物体测量、物体分拣等典型应用，这些典型应用也基本可以体现机器视觉技术在工业生产中能够起到的作用。 　　机器视觉是 AI 正在快速发展的一个领域。机器视觉就是用机器代替人眼来做测量和判断。机器视觉是一项综合技术，包括图像处理技术、机械工程技术、控制技术、电光源照明技术、光学成像技术、传感器技术、模拟与数字视频技术、计算机软硬件技术（图像增强和分析算法、图像卡、I/O 卡等）。机器视觉系统的特点是可以提高生产的柔性和自动化程度。在一些不适合人工作业的危险工作环境或人工视觉难以满足要求的场合，常用机器视觉来替代人工视觉。 　　在大批量工业生产过程中，利用人工视觉检查产品质量效率低且精度不高，而利用机器视觉检测方法可以大大提高生产效率和生产的自动化程度。机器视觉易于实现信息集成，是实现计算机集成制造的基础技术。
项目目标	知识目标： 　1. 能够描述机器视觉图像处理、逻辑运算、通信管理原理； 　2. 能够描述机器视觉的应用范围。 能力目标： 　1. 能够搭建视觉方案，实现物料的取图、图像处理，将相机图像存储到本地； 　2. 能够搭建视觉方案； 　3. 能够绘制视觉综合控制流程图； 　4. 能够建立机器视觉与 AI 物品识别分拣系统之间的通信。

项目名称	机器视觉应用平台的控制与编程
项目目标	素质目标： 1. 具有信息获取、资料收集整理的能力； 2. 具有分析问题、解决问题的能力，以及综合运用知识的能力； 3. 具有良好的标准意识、质量意识。
项目要求	1. 明确工作任务，根据要求画出视觉系统工作原理简图； 2. 绘制视觉综合控制流程图，并分析其工作原理； 3. 实现视觉与 AI 物品识别分拣系统的建立。
实施思路	1. 构思（C）：项目构思与任务分解，学习相关知识，制订计划与流程。 2. 设计（D）：学生分组设计项目方案。 3. 实现（I）：进行相机标定，生成标定文件。 4. 运行（O）：机器视觉存储图像应用及项目评价。

工作步骤	工作内容
项目构思(C)	1. 机器视觉系统的组成部分； 2. Dobot Vision Studio 算法平台的功能特性、运行环境； 3. 机器视觉图像处理、逻辑运算、通信管理等知识，自行搭建机器视觉方案，学习机器视觉的应用。
项目设计（D）	1. 相机标定的原理及作用； 2. 绘制相机标定流程； 3. 掌握相机图像参数、标定板标定参数； 4. 分支模块工具可以配置输入条件； 5. 字符比较模块的输入、输出作用。
项目实现（I）	1. 相机标定具体操作步骤； 2. 将搭建好的相机通过 USB 线与计算机连接； 3. 建立方案流程； 4. 设置相机的参数； 5. 标定标定板、N 点； 6. 生成标定文件，保存路径。
项目运行（O）	1. 在相机正下方放置垃圾图像物料，模拟 PLC 自动上料操作； 2. 建立机器视觉方案，包含数据收发、相机取图、图像存储等； 3. 利用传输控制协议（Transmission Control Protocol，TCP）助手模拟 PLC 工作，向 AI 物品识别分拣系统发送数据arrive，触发机器视觉方案，完成相机拍照、图像处理、存储图像等流程。

一个典型的机器视觉系统包括光源、相机、镜头、图像采集卡、视觉处理器 5 个部分。机器视觉系统工作原理简图如图 2.1 所示。

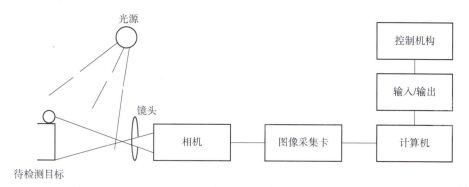

图 2.1　机器视觉系统工作原理简图

Dobot Vision Studio 算法平台集成机器视觉多种算法组件，适用于多种应用场景，可快速组合算法，实现对工件或被测物的查找、测量、缺陷检测等。该算法平台依托在算法技术领域多年的积累，拥有强大的视觉分析工具库，可简单灵活地搭建机器视觉应用方案，无须编程，满足视觉定位、测量、检测和识别等视觉应用需求，具有功能丰富、性能稳定、用户操作界面友好的特点。它具有以下功能特性：组件拖放式操作，无须编程即可构建视觉应用方案；以用户体验为中心的界面设计，提供图片式可视化操作界面；需要才可见的显示方式，最大限度节省有限的屏幕显示空间；支持多平台运行，适应 Windows 7/Windows 10（32/64 位操作系统），兼容性高。

通过 Dobot Vision Studio 算法平台的学习与应用，可了解并掌握机器视觉图像处理、逻辑运算、通信管理等知识，自行搭建机器视觉方案，学习机器视觉的应用。

制订完成机器视觉应用平台控制与编程项目的工作计划，将其填写在表 2.1 所示的项目构思工作计划单中。

表 2.1　项目构思工作计划单

机器视觉应用平台控制与编程			
班级		团队负责人	
团队成员			

序号	工作步骤	元器件/工具/材料	计划工时
1			
2			
3			
4			
5			
6			
7			
8			
9			
10			
完成本项目的重点、难点、风险点识别			
环境保护			

项目设计

一、相机标定

相机标定主要用于确定相机坐标系和机械臂实际坐标系之间的转换关系。机械臂 M1 与相机的关系就像手眼系统。手眼系统是指当人眼看到一个东西要让手去抓取时需要借助大脑去获取眼睛和手的坐标关系，如果把大脑比作 B，把眼睛比作 A，把手比作 C，只要知道 A 和 B 坐标的关系、B 和 C 的坐标关系，就可以获取 C 和 A 的坐标关系，即获取手和眼的坐标关系。

相机对应的是像素坐标，机械手对应的是空间坐标系，所以相机标定就是得到相机像素坐标系和机械手空间坐标系的坐标转换关系。在实际控制中，相机检测到目标在图像中的像素位置后，通过标定好的坐标转换矩阵将相机的像素坐标转换到机械手的空间坐标系中，然后根据机械手空间坐标系计算出各个电机的运动轨迹，从而控制机械手到达指定位置。图 2.2 所示为一个相机标定流程的示例。

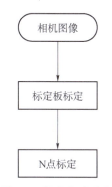

图 2.2　相机标定流程

标定流程中，图像采集可以采用本地图像方式，也可以采用相机图像方式，相机图像可以触发相机进行取图。本项目所采用的图像采集方式为相机图像方式，如图 2.3 所示。

图 2.3　相机图像

在进行相机与机械臂的标定过程中，本项目选择的标定方式是标定板标定，如图 2.4 所示。

图 2.4　标定板标定

（一）相机图像参数说明

选择相机：可以选择当前局域网内在线的千兆以太网（GigE）相机、线阵相机或者 U3V 相机进行连接。

图像宽度和高度：可以查看并设置当前被连接相机的图像宽度和高度。

帧率：可以设置当前被连接相机的帧率，帧率影响图像采集的快慢。

实际帧率：当前相机的实时采集帧率。

曝光时间：当前打开相机的曝光时间，曝光时间影响图像的亮度。

像素格式：像素格式有两种，分别是 Mono8 和 RGB8packed。

断线重连时间：当相机因为网络等因素断开时，在该段时间内，模块会进行重连操作。

增益：在不增加曝光值的情况下，通过增加增益来提高图像的亮度。

伽马（gamma）校正：伽马校正提供了一种输出非线性的映射机制，伽马值在 0~1，图像暗处亮度提升；伽马值在 1~4，图像暗处亮度下降。

行频：当连接的相机是线阵相机时，可以设置相机的行频；实际行频为实际运行过程中的行频。

触发源：可以根据需要选择触发源，其中软触发为 Dobot Vision Studio 控制触发相机，也可以选择硬触发，需要配合外部的硬件进行触发设置。

触发延迟：接收到触发信号后，超过触发延迟设置的时间，程序产生响应。

字符触发过滤：开启字符触发过滤后可通过外部通信控制功能模块是否运行。

（1）输入字符：选择输入字符的来源。

（2）触发字符：未设置字符时，传输进来任意字符都可触发流程；设置字符后，传输进来相应字符才可触发流程，传输进来的字符与设置的字符不一致时流程不被触发。

（二）标定板标定参数说明

标定文件生成：选择生成标定文件的存放路径。

原点（x）、原点（y）：该原点为物理坐标的原点，可以设置原点的坐标，即图中 x 轴和 y 轴的原点位置。

旋转角度：标定板的旋转角度。

坐标系模式：选择左手坐标系或右手坐标系。

物理尺寸：棋盘格每个黑白格的边长或圆板两个相邻圆心的圆心距，单位是 mm。

标定板类型：分为棋盘格标定板和圆标定板。

自由度：分为缩放、旋转、纵横比、倾斜、平移及透射，其中缩放、旋转及平移三种参数设置分别对应透视变换、仿射变换和相似性变换。

灰度对比度：棋盘格图像相邻黑白格子之间的对比度最小值，建议使用默认值。

中值滤波状态：表示提取角点之前是否执行中值滤波，有执行滤波与不执行滤波两种模式，建议使用默认值。

亚像素窗口：表示是否自适应计算角点亚像素精度的窗口尺寸，当棋盘格每个方格所占像素较多时，可适当增加该值，建议使用默认值。

权重函数：可选最小二乘法、Huber、Tukey 算法函数。建议使用默认参数设置。

权重系数：选择 Tukey 或 Huber 权重函数时的参数设置项，权重系数为对应方法的削波因子，建议使用默认值。

二、分支模块

分支模块工具可以配置输入条件，并根据方案实际需求，对不同的分支模块配置不同的条件输入值。当输入条件为某值时，会执行该值对应的分支模块。输入值仅支持整数，不支持字符串。若需要输入字符串格式，则需要用字符分支或者用字符识别匹配分支模块。当需要根据模板匹配状态决定后续分支工作时，可以将输入条件配置为模板匹配状态，并配置分支模块的条件值。

条件输入：选择输入的参数。

分支参数：可设置按值索引或按位索引。

（1）按值索引是将配置窗口的"条件输入值"与模块标识（ID）索引后的设置值比较，相同则该分路执行，不同则该分路不执行。

（2）按位索引是将"条件输入值"在后台进行二进制序列转换，二进制序列与模块 ID 后位序相对应，对应位为 1 时执行该模块（一次可执行多个模块），否则不执行。

三、字符比较

字符比较模块可以根据输入的字符和设置的字符进行比较，如果相同则输出对应的索引值，不同则不输出。输出的索引值是文本列表中第一个与输入文本完全匹配的索引项。索引值可以手动修改，范围为 0~2 147 483 647（长整型），索引数量最多为 32 个。通常情况下该模块需要配合分支模块使用。

 项目实现

本项目将介绍如何进行相机标定，生成标定文件，实现相机与 M1 机械臂的坐标转换关系。

相机标定具体操作步骤如下。

（1）将搭建好的相机通过 USB 数据线与计算机连接。将 Magician 机械臂通过 USB 数据线与计算机连接，将加密狗插到计算机上。

打开 Dobot Vision Studio 1.3.1 软件主界面，单击"通用方案"图标，如图 2.5 所示。

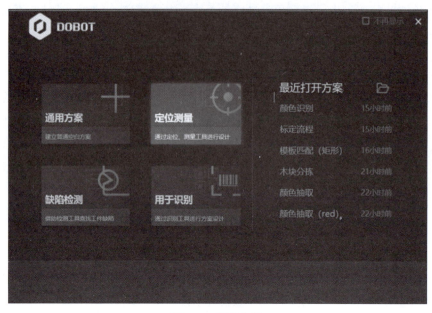

图 2.5 新建方案

（2）新建方案流程，如图 2.6 所示。

（3）选择相机。双击"0 相机图像"图标，弹出"0 相机图像"对话框，在"常用参数"选项卡中设置相机相应参数，如图 2.7 所示。选择"触发设置"选项卡，在"触发源"下拉列表中选择 SOFTWARE（软件触发方式），如图 2.8 所示。选择"常用参数"选项卡，在"图像参数"选项区域的"像素格式"下拉列表中选择 MONO8。若图像亮度不够，可通过调节相机曝光时间、光圈或调节光源亮度进行调节。

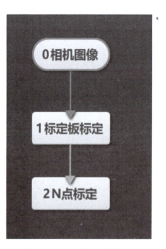

图 2.6 新建方案流程

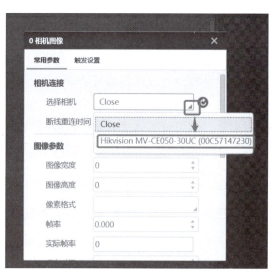

图 2.7 相机图像"常用参数"选项卡

图 2.8　相机图像"触发设置"选项卡

在 SOFTWARE 模式下单击"单次运行"按钮可触发一次相机取图；单击"连续运行"按钮即可连续预览图像，同时可根据需求进行参数调节。图 2.9 所示为各个模块的参数配置完成后单次运行时的相机取图输出图像。

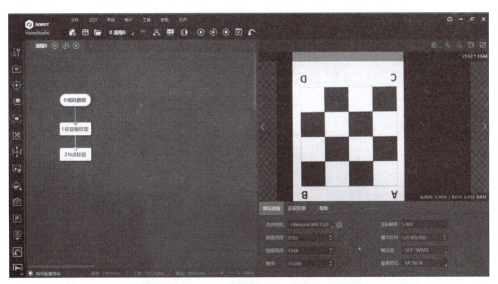

图 2.9　相机取图输出图像

（4）标定板标定。双击"1 标定板标定"图标，弹出"1 标定板标定"对话框，在"1 标定板标定"对话框中，将"输入源"设置为"0 相机图像. 图像数据"，如图 2.10 所示。

（5）N 点标定。双击"2 N 点标定"图标，弹出"2 N 点标定"对话框。本设计方案选用的标定方式为"9 点标定"方式，故将"基本参数"选项卡中的"平移次数"设置为 9，如图 2.11 所示。

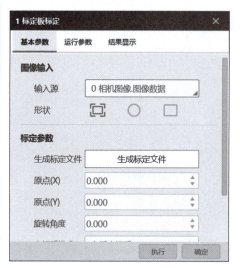

图 2.10　标定板标定"基本参数"选项卡

图 2.11　N 点标定"基本参数"选项卡

（6）单击快捷工具栏的 ▶ 按钮，如图 2.12 所示。单击方案流程中的"2N 点标定"按钮，显示区域的显示结果如图 2.13 所示，说明相机各参数已设置好，可开始进行标定。按照图像中显示的箭头方向、按点顺序完成 9 个标定点的标定，标定过程中要注意 9 个标定点与标定板 4 个角字母的相对位置。

图 2.12　单次运行

图 2.13　标定图像

（7）单击快捷工具栏的 🖱 按钮，如图 2.14 所示，打开 Dobot Studio 控制面板，选择 M1 命令，单击 Connect（连接）按钮，连接机械臂，并将机械臂的末端设置为笔。

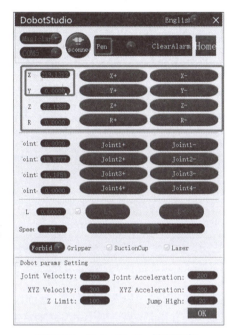

图 2.14　机械臂连接

（8）单击 DobotStudio 控制面板中的"X+""X-""Y+""Y-""Z+""Z-"按钮控制机械臂，将其移动到标定点的位置，并将控制面板中机械臂的物理坐标写入"2N 点标定""编辑标定点"界面对应的物理坐标。N 点标定、编辑标定点具体操作如图 2.15、图 2.16 所示。

图 2.15　DobotStudio 控制面板

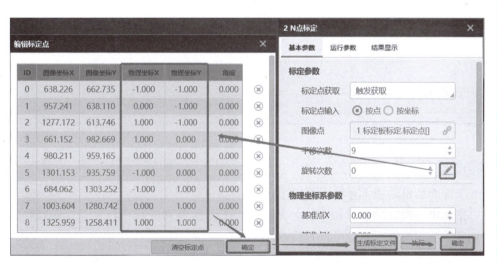

图 2.16　N 点标定与编辑标定点

（9）完成上述实验步骤后，生成标定文件，在弹出的界面选择标定文件保存路径。

注意：

该标定文件在后续实验中会用到，若相机与机械臂的相对位置发生了变化或机械臂发生丢步等则须重新进行标定。

填写项目实现工作记录单，如表2.2所示。

表2.2　项目实现工作记录单

项目名称	机器视觉应用平台的控制与编程	
班级		团队负责人	
团队成员		
项目工作情况		
项目实施过程遇到的问题		
相关资料及资源		
执行标准或工艺要求		
注意事项		

下面介绍机器视觉存储图像应用。

借助网络调试助手模拟 PLC 工作，向 AI 物品识别分拣系统发送 arrive 数据，辅助实验流程的进行。也可以直接在"AI 物品识别分拣系统"界面"机器人视觉通信"选项区域的"发送数据"文本框中输入 arrive，单击"发送"按钮进行发送，如图 2.17 所示。

图 2.17 "AI 物品识别分拣系统"界面

机器视觉图像模型推理方式有 HiLens Kit 边缘设备推理和 ModelArts 在线推理，这里以 HiLens Kit 边缘设备推理方式进行演示，如图 2.18 所示。

图 2.18　机器视觉图像存储原理框架

（一）为视觉创建通信

要实现视觉与 AI 物品识别分拣系统后台的通信，应为视觉建立一个通信，视觉等待信号拍照请求，这里将视觉设置为 TCP 服务端，则 AI 物品识别分拣系统后台 QT 为客户端。为视觉创建通信设备的步骤如下。

（1）单击 图标，弹出"通信管理"对话框，如图 2.19 所示。

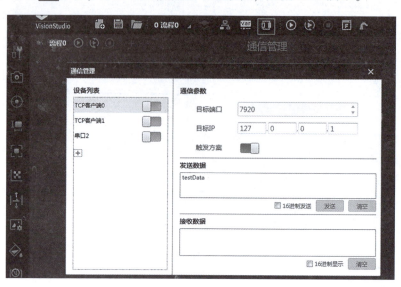

图 2.19　"通信管理"对话框

（2）单击 ⊞ 图标，设置通信参数，添加通信设备，如图 2.20 所示，此处"协议类型"选择"TCP 服务端"，"设备名称"选择"TCP 服务端_QT"，根据实际情况，在"通信参数"选项区域中自定义端口与 IP 地址。这里将端口设置为 8899，IP 地址设置为 127.0.0.1。

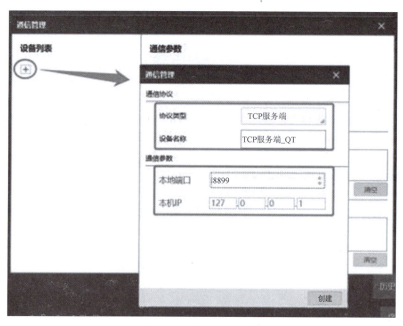

图 2.20　通信参数设置

（3）通信参数填写完成后，单击"创建"按钮，完成通信设备的添加。单击"TCP 服务端_QT"开关，打开视觉服务端通信监听，如图 2.21 所示。

图 2.21　打开视觉服务端通信监听

视觉综合控制流程描述了视觉相机拍照存图和视觉与 Dobot M1 进行数据交互来接收信息，随后通过多个模块的组合对数据进行处理，最终完成 Dobot M1 对物料进行搬运分拣的整体流程，如图 2.22 所示。

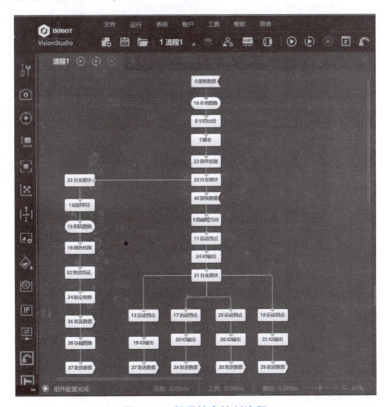

图 2.22　视觉综合控制流程

（二）图像存储方案

由于视觉综合控制流程较复杂，这里主要选取分支模块分支对视觉流程触发、相机拍照、相机图像存储进行解释。该图像存储方案流程如图 2.23 所示。

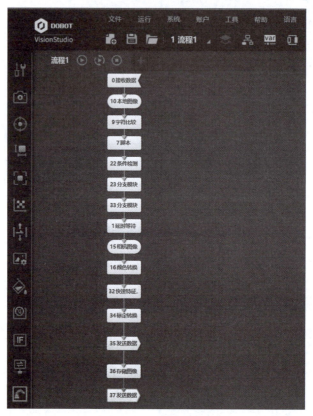

图 2.23　图像存储方案流程

（1）流程开始，单击 0接收数据 图标监听 TCP 服务端接收到的数据。TCP 服务端接收到数据，图像存储方案流程被触发，TCP 服务端接收到 QT 客户端的数据时，将该值赋值给 cmd，如图 2.24 所示。

（2）本地图像模块在此处起到辅助作用，主要用于显示。

（3）利用"9 字符比较"将视觉方案接收到的数据与用户预定的数据进行比较。在"9 字符比较"对话框的"文本列表"选项区域内有"文本"Recyclable Waste（可回收垃圾），Residual Waste（干垃圾），Hazardous Waste（有害垃圾），Household Food Waste（湿垃圾），arrive，分别对应索引值 1，2，3，4，5。若接收到的数据和预定的文本一致，则视觉流程引用"文本"对应的"索引"。例如，接收到的数据为 arrive，则引用"索引"5，如图 2.25 所示。

（4）脚本模块主要用于变量处理。若要用到视觉软件的可视化界面编程，则应用到该脚本模块的变量处理。若方案没有应用，则用户在建立方案时可以不添加该模块，如图 2.26 所示。

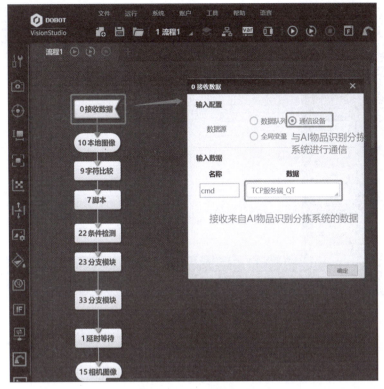

图 2.24　接收数据

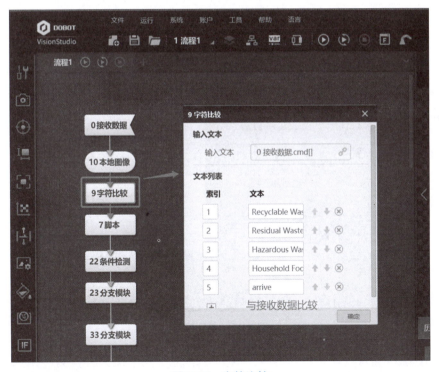

图 2.25　字符比较

图 2.26 脚本模块编辑

（5）条件检测模块主要起到判断作用。利用"22 条件检测"对"9 字符比较"的结果进行判断。若"9 字符比较"返回的"索引"值在所给有效值范围内，则检测结果为 OK，对应条件值 1；若"9 字符比较"返回的"索引"值为 5，而所给有效值范围为 1~4，则检测结果为 NG，对应条件值 0，如图 2.27 所示。

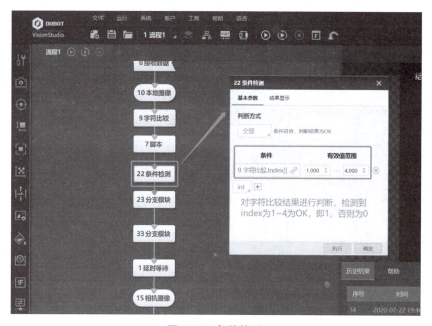

图 2.27 条件检测

（6）分支模块 1 以条件检测结果为分支条件。当"22 条件检测"结果为 NG（0）时，单击"执行"按钮，即接收数据为物料到位信号而不是垃圾类型推理结果，如图 2.28 所示。

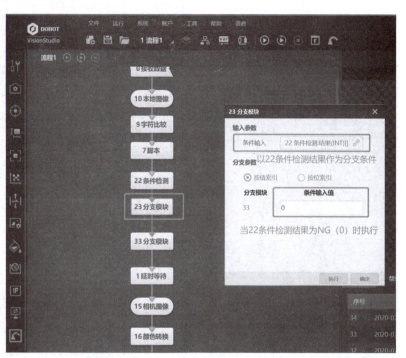

图 2.28　分支模块 1

（7）分支模块 2 以字符比较索引值为分支条件，当字符比较返回的索引值为 5时，单击"执行"按钮，如图 2.29 所示。

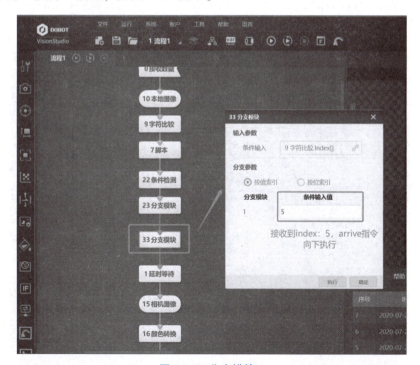

图 2.29　分支模块 2

（8）设置相机拍照延时等待时间，如图2.30所示。

图2.30　延时等待

（9）添加相机图像模块，在"常用参数"选项卡中设置相机相关参数，等待触发信号，触发相机拍照功能捕获图像，如图2.31所示。

图2.31　相机图像

相机捕获图像的一个效果示例如图 2.32 所示。

图 2.32　相机捕获图像示例

（10）颜色转换模块主要用于图像颜色空间转换，如图 2.33 所示，选择"转换类型"为"RGB 转灰度"，即将 RGB 颜色空间图像转换为灰度图像。应用颜色转换模块对图像进行处理便于建立图像特征模板。

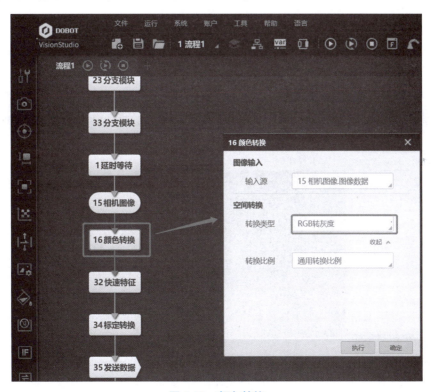

图 2.33　颜色转换

（11）应用快速特征模块可在图像中定位目标物体。首次对物体进行检测之前，先要为物体建立特征模板。这里选择经过颜色转换后的图像作为图像输入源，如图2.34所示。

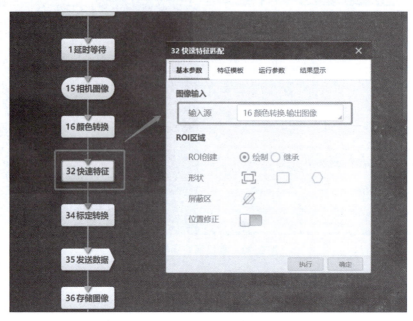

图2.34　快速特征匹配基本参数设置

选择"快速特征匹配"对话框中的"特征模板"选项卡，单击"+创建"按钮进行特征模板配置，如图2.35所示，单击绘制矩形掩膜按钮，将目标物体框选，单击图像选择模型匹配中心，再单击"确定"按钮来生成模型。

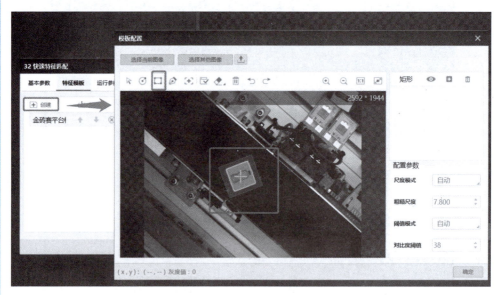

图2.35　创建特征模板

选择"32快速特征匹配"对话框中的"运行参数"选项卡，对匹配通过率等进行设置。如图2.36所示，"运行参数"选项区域内"最小匹配分数"值为

0.500，表示目标物体与模板匹配度为50%则匹配成功，目标物体找到。"运行参数"选项区域内"最大匹配个数"值为1，表示在检测区域最多有一个目标物体。

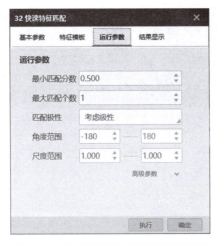

图 2.36　快速特征匹配运行参数设置

（12）标定转换模块实现了图像坐标系与机械臂物理坐标系的转换，使机械臂坐标与视觉图像坐标对应，如图 2.37 所示。

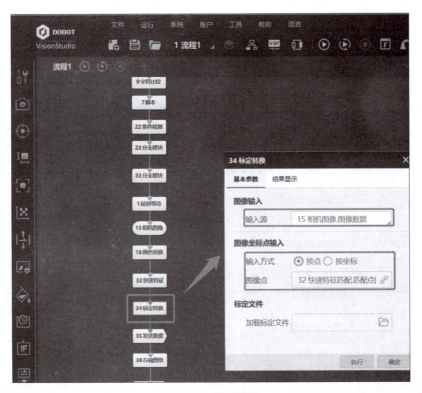

图 2.37　标定转换

（13）标定转换后，通过发送数据的应用，可将图像目标物体的位置信息发送给全局变量，如图 2.38（a）所示。方便在任何流程任何分支的任何模块调用。在发送数据之前，需要先在"基本参数"选项卡的"输出数据"选项区域中设置全局变量，否则会找不到全局变量，如图 2.38（b）所示。

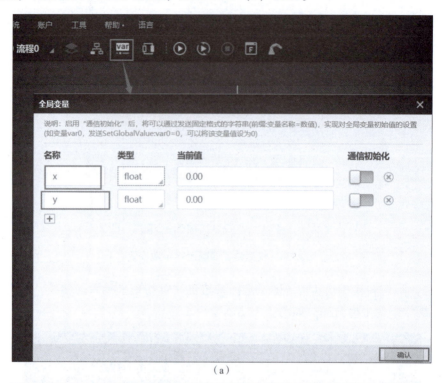

（a）

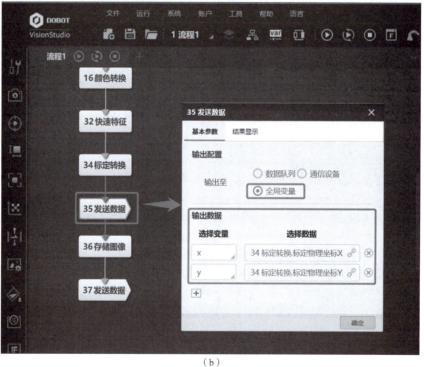

（b）

图 2.38　发送数据至全局变量

（14）利用存储图像模块将相机捕获的图像存储至本地。如图 2.39 所示，在"36 存储图像"对话框中将图像输入源设置为"15 相机图像.图像数据"，并将图像保存至 C 盘的 VisionMaster 文件夹，"保存格式"为 JPEG，图像命名为 image.jpg。

学习笔记

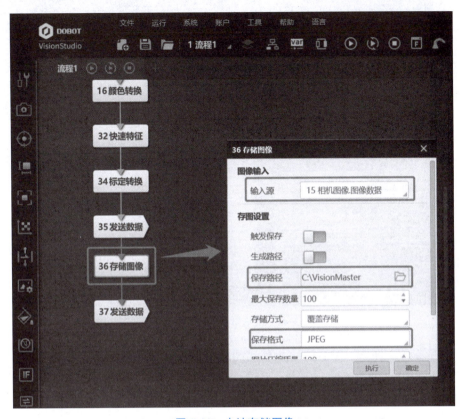

图 2.39　本地存储图像

图 2.40 所示为相机捕获图像的一个存储示例，image.jpg 为相机图像，roi.jpg 为切割后的图像。

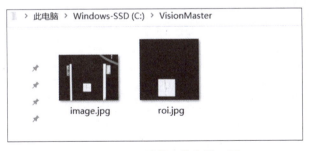

图 2.40　相机捕获图像存储示例

（15）完成图像的拍照存储后，利用发送数据模块向通信设备发送数据 ok，表明相机拍照完成，可以进行下一步动作，如图 2.41 所示。

完成视觉通信设备的设置、视觉方案流程的建立与配置后，利用网络调试助手模拟 PLC 向系统发送物料到位信号来测试建立的流程是否可行。如图 2.42 所示，

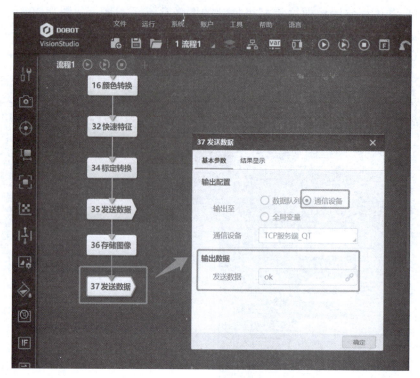

图 2.41　发送数据至通信设备

打开"网络调试助手"对话框后，在"网络设置"选项区域内将"协议类型"设置为 TCP Server；"本地主机地址"设置为 127.0.0.1；"本地主机端口"设置为 4 000；最后，单击"打开"按钮等待连接即可。

图 2.42　"网络调试助手"对话框

根据提供的资料，找到并打开 config 文件夹，双击运行 getToken. exe 可执行文件，根据提示输入华为云账号、密码，获取 Token 鉴权（自动保存为 token. txt 文本，每获取一次 Token 鉴权有效期为 24 h），如图 2.43 所示。

图 2.43　getToken. exe

打开 config. txt 文件，写入华为云个人账号 ak、sk 以及 project_id，如图 2.44 所示。

图 2.44　config. txt

打开 Dobot System 应用软件，在"AI 物品识别分拣系统"界面输入 HiLens IP 地址进行设备连接，在"机器人视觉通信"选项区域内设置 IP 和 Port（端口）的参数建立通信，在"PLC 通信"选项区域内设置 IP 和 Port 的信息建立通信，如图 2.45 所示。

如图 2.46 所示，在"网络调试助手"对话框的"数据发送"文本框中输入 arrive 模拟 PLC 发送信号，在打开的"通信管理"对话框中可以看到视觉已接收到该信号。视觉接收数据后，视觉图像存储方案流程被触发，完成相机拍照、图像存储

图 2.45　系统设备连接

等操作。在视觉向系统发送数据 ok 后，系统将相机拍照存储至本地的图像上传至 HiLens 边缘设备进行图像推理预测，推理预测结果被返回系统并在 frame 对话框中显示，如图 2.47 所示。

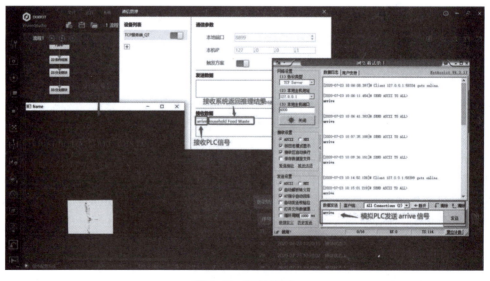

图 2.46　运行结果

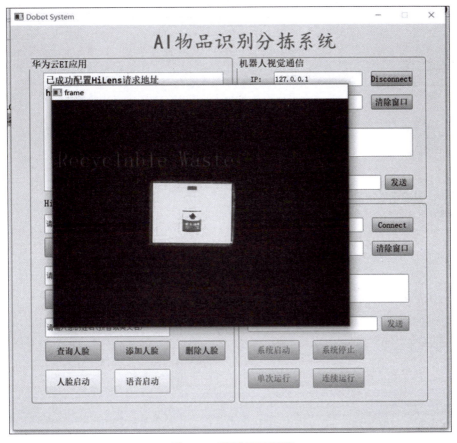

图 2.47　预测效果示例

完成项目后，填写运行记录单。项目二运行记录单如表 2.3 所示。

表 2.3　项目二运行记录单

项目名称	机器视觉应用平台的控制与编程		
班级		团队负责人	
团队成员			
项目构思 是否合理			
项目设计 是否合理			

项目实现过程中遇到了哪些问题	
项目运行时的故障点有哪些	
调试中运行是否正常	
备注	

项目拓展

识别工具的使用

识别工具的使用要求如下。

（1）字符识别工具用于读取标签上的字符文本，需要进行字符训练。

（2）条码识别工具用于定位和识别指定区域内的条码，允许目标条码以任意角度旋转以及具有一定角度的倾斜，支持 CODE39 码、CODE128 码、库德巴码、EAN码、交替 25 码以及 CODE93 码。

（3）二维码识别工具用于识别目标图像中的二维码，将读取的二维码信息以字符形式输出。一次可以高效准确地识别多个二维码，目前只支持 QR 码和DataMatrix 码。

实施步骤如下。

步骤 1：增加"图像源"工具。

在工具箱区域，将采集子工具箱中的"图像源"工具拖动到流程编辑区域，并建立方案流程，相机参数设置及图像采集结果如图 2.48、图 2.49 所示。

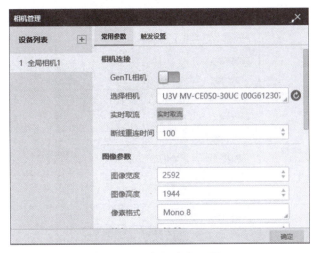

图 2.48　相机参数设置

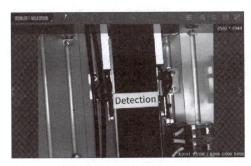

图 2.49　图像采集结果

步骤 2：增加"字符识别"工具。

在工具箱区域，将识别子工具箱中的"字符识别"工具拖动到流程编辑区域，并与图像输入源文本框"0 图像源 1. 图像数据"相连，具体设置及字符识别结果如图 2.50~图 2.55 所示。

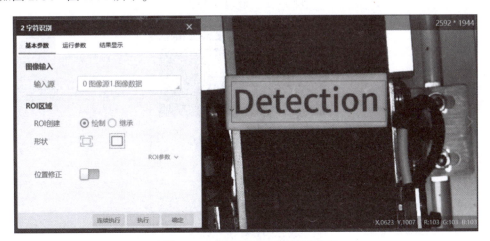

图 2.50　字符识别基本参数设置

图 2.51　字符识别运行参数设置

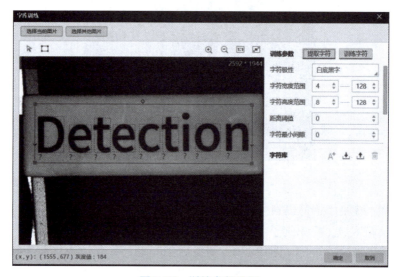

图 2.52　训练参数设置

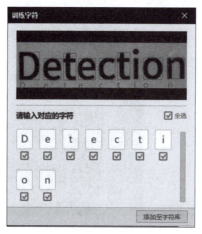

图 2.53　"训练字符"对话框

图 2.54　字库训练"训练参数"选项卡设置

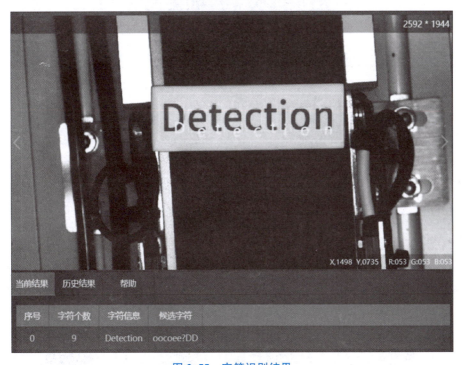

图 2.55　字符识别结果

　　步骤 3：增加新流程。单击流程栏"流程 1"右侧的 ▇ 图标，增加新流程，如图 2.56 所示。

　　步骤 4：增加"图像源"工具。

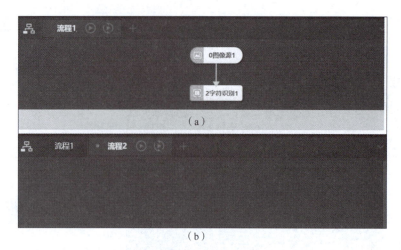

（a）

（b）

图 2.56　增加新流程

（a）增加新流程前；（b）增加新流程后

　　在工具箱区域，将采集子工具箱中的"图像源"工具拖动到流程编辑区域，建立方案流程，相机参数设置及图像采集结果如图 2.57、图 2.58 所示。

图 2.57　相机参数设置

图 2.58　图像采集结果

步骤 5：增加"二维码识别"工具。

在工具箱区域，将识别子工具箱中的"二维码识别"工具拖动到流程编辑区域，并与"3 图像源 1"相连，建立的方案流程及二维码识别结果如图 2.59、图 2.60 所示。

图 2.59　方案流程

图 2.60　二维码识别结果

 工程训练

利用 Dobot Vision Studio 算法平台，使用定位工具快速特征匹配模块、高精度特征匹配模块、圆查找、Blob 分析、边缘查找、边缘交点等，实现对图像中某些特征的定位或者检测。

项目三　智能机械臂 ModelArts 训练模型的开发与实践

项目描述

项目名称	智能机械臂 ModelArts 训练模型的开发与实践
项目导入	ModelArts 是面向 AI 开发者的一站式开发平台。从数据准备到算法开发、模型训练，再到把模型部署起来，集成到生产环境，一站式完成所有任务。ModelArts 云服务平台提供了万维网（Web）化的服务管理平台，即管理控制台和基于超文本传输安全协议（HTTPS）请求的应用程序接口（API）管理方式。 以神经网络为代表的机器学习模型不断发展，逐渐应用到图像分类中，从而实现基于图像分类的各种智能化应用。基于 ModelArts 的模型训练，理论上上传的数据样本越多，训练后的精度也就越高，目标识别也就越准确。ModelArts 提供了模型训练的功能，方便查看训练情况并可以不断调整模型参数。
项目目标	知识目标： 1. 能够描述 ModelArts 训练模型开发的原理； 2. 能够描述 AI 深度学习的原理； 3. 能够描述数据集收集的原理。 能力目标： 1. 能够进行华为云平台账号注册、登录； 2. 能够进行创建 OBS（Object Storage Service，对象存储服务）桶、新建文件、数据上传等操作； 3. 能够进行 ModelArts 模型构建与在线服务部署； 4. 能够进行 ModelArts 模型构建与边缘设备部署。 素质目标： 1. 具有信息获取、资料收集整理的能力； 2. 具有分析问题、解决问题的能力，以及综合运用知识的能力； 3. 具有互联网平台操作能力。
项目要求	1. 明确工作任务，构造模型训练流程； 2. 学习 ModelArts 训练模型开发原理； 3. 进行 ModelArts 平台操作； 4. 根据项目流程需要，基于 ModelArts 进行智能机械臂在线服务部署与边缘设备部署； 5. 完成模型训练、模型导入。

项目名称	智能机械臂 ModelArts 训练模型的开发与实践
实施思路	1. 构思（C）：项目分析与任务分解，学习相关知识，制订计划与流程。 2. 设计（D）：学生分组设计项目方案。 3. 实现（I）：数据集收集与上传。 4. 运行（O）：智能机械臂 ModelArts 训练模型调试运行、模型导入与项目评价。

工作过程

工作步骤	工作内容
项目构思（C）	1. ModelArts 训练模型开发原理； 2. AI 深度学习原理。
项目设计（D）	1. 绘制模型训练流程图； 2. 华为云平台账号注册、登录； 3. 数据集收集。
项目实现（I）	1. 创建 OBS 桶； 2. 创建文件夹； 3. 上传数据集。
项目运行（O）	1. 基于 ModelArts 进行智能机械臂在线服务部署，模型训练，模型导入； 2. 基于 ModelArts 进行智能机械臂边缘设备部署，模型转换，模型导入，完成 HiLens Kit 设备设置； 3. 软件参数核对，软件运行； 4. 故障现象描述； 5. 故障分析； 6. 故障检修； 7. 总结汇报； 8. 工作反思。

项目构思

项目分析如下。

深度学习是学习样本数据的内在规律和表示层次，这些学习过程中获得的信息对文字、图像和声音等数据的解释有很大帮助。它的最终目标是让机器能够像人一样具有分析学习的能力，能够识别文字、图像和声音等数据。一般来说，典型的深度学习模型是指具有多隐层神经网络，这里的多隐层代表有三层以上的隐层，深度学习模型通常有八九层甚至更多层隐层。隐层多了，相应的神经元连接权、阈值等参数就会更多，意味着深度学习模型可以自动提取很多复杂的特征。过去在设计复杂模型时会遇到训练效率低，易陷入过拟合的问题，但随着云计算、大数据时代的到来，海量的训练数据配合逐层预训练和误差逆传播微调的方法，使模型训练效率大幅提高，同时降低了过拟合风险。相比较而言，传统的机器学习算法很难对原始数据进行处理，通常需要人为地从原始数据中提取特征。这需要系统设计者对原始数据有相当专业的认识，在获得了比较好的特征表示后就需要设计一个对应的分类器，使用相应的特征对问题进行分类。而深度学习是一种自动提取特征的学习算法，通过多层次的非线性变换，它可以在将初始的底层特征表示转化为高层特征表示后，用简单模型完成复杂的分类学习任务，如图 3.1 所示。

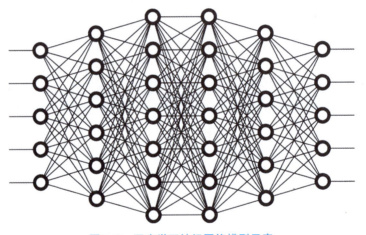

图 3.1 深度学习神经网络模型示意

经过多年的发展，深度学习理论包含了许多不同的深度网络模型，如经典的深层神经网络（Deep Neural Network，DNN）、深层置信网络、卷积神经网络（Convolutional Neural Network，CNN）、深层玻尔兹曼机（Deep Boltzmann Machine，DBM）、循环神经网络（Recurrent Neural Network，RNN）等，它们都属于人工神经网络。不同结构的网络适用于处理不同的数据类型，例如，卷积神经网络适用于图像处理，循环神经网络适用于语音识别等。图像识别是指利用计算机对图像进行处理、分析和理解，以识别各种不同模式的目标和对象的技术，是深度学习算法的一种实践应用。

图像识别的前提是图像分类。图像分类首先需要输入大量带有标签的图片数据；其次通过深度学习算法形成分类模型，这一步的目的是让计算机具有图片分类的能力；最后应用图像分类模型，识别用户上传的是什么类型的图片，如图 3.2 所示。

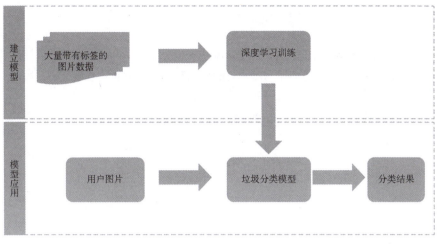

图 3.2　图像识别模型训练过程

项目设计

根据项目目标，设计模型训练流程，进而对流程中的每个环节进行设计。

一、模型训练流程

模型训练流程如图 3.3 所示。

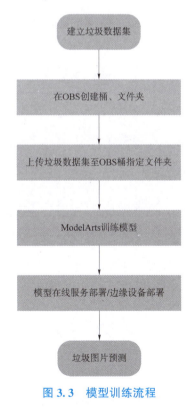

图 3.3　模型训练流程

二、华为云个人账号注册

步骤1：打开华为云官网（https://www.huaweicloud.com/），注册个人账号，并进行实名认证。单击右上角的"注册"按钮，进入注册界面，如图3.4所示。

图3.4　注册界面

步骤2：单击"账号中心"按钮，如图3.5所示，进入账号基本信息界面，如图3.6所示。

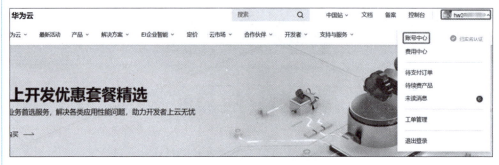

图3.5　账号中心

步骤3：单击"管理我的凭证"按钮，进入"我的凭证"界面。单击"访问密钥"→"新增访问密钥"按钮，通过已验证手机或已验证邮箱进行验证来获取密钥，如图3.7所示。

步骤4：单击"确定"按钮，根据浏览器提示，保存密钥文件，密钥文件会直接保存到浏览器默认的下载文件夹中。打开名称为credentials.csv的文件（该文件仅能下载一次，注意备份）即可查看访问密钥（Access Key Id 和 Secret Access Key），如图3.8所示。

图 3.6 账号基本信息界面

图 3.7 获取密钥

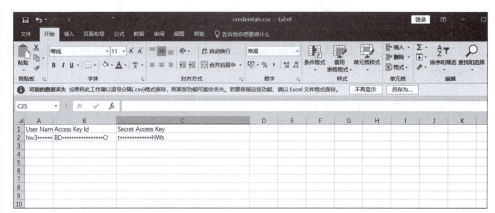

图 3.8　密钥信息

三、数据集收集

本项目以干垃圾、湿垃圾、可回收垃圾、有害垃圾为数据采集的对象。以下为数据样例采集的步骤。

步骤 1：在 D 盘新建文件夹，将其命名为 Garbagedata。

步骤 2：创建文件夹 Garbagedata 后，在该文件夹下创建 4 个子文件夹 Hazardous Waste，Household Food Waste，Recyclable Waste，Residual Waste，如图 3.9 所示。

图 3.9　垃圾类型标签

步骤 3：在对应垃圾类型标签文件夹下添加垃圾图片，同时为各图片建立标签。选取 4 类垃圾的典型代表，如有害垃圾选取电池，可回收垃圾选取塑料瓶，湿垃圾选取香蕉皮，干垃圾选取一次性餐盒，如图 3.10 所示。

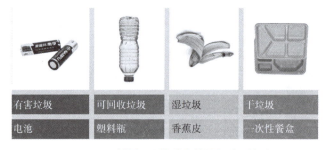

图 3.10　4 种垃圾及其对应的垃圾类型标签

为了增加模型的准确率，可收集每种垃圾的多种形态，以便更好地提取图像特征。图 3.11~图 3.14 所示分别为包含了各类垃圾 50 张图片的数据集。

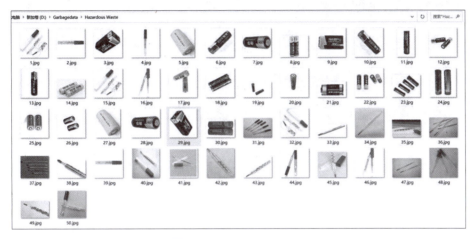

图 3.11　Hazardous Waste

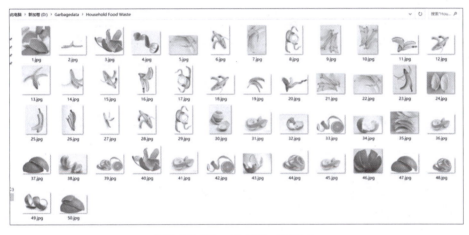

图 3.12　Household Food Waste

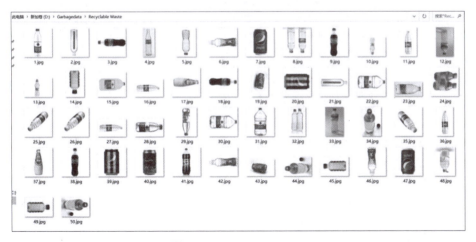

图 3.13　Recyclable Waste

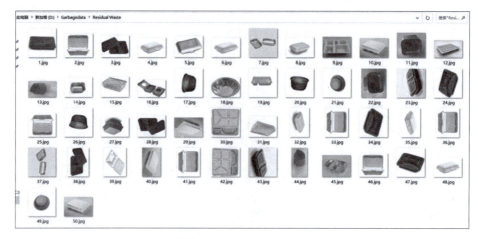

图 3.14　Residual Waste

项目实现

下面介绍 OBS 桶的创建与数据集的上传。

ModelArts 使用 OBS 进行数据存储以及模型的备份和快照，实现安全、高可靠和低成本的存储需求。以下为 OBS 桶创建与数据集上传的步骤。

步骤 1：登录华为云个人账号，如图 3.15 所示，选择"对象存储服务 OBS"选项，进入"对象存储服务 OBS"页面。

图 3.15　对象存储服务 OBS

步骤 2：单击"管理控制台"按钮，如图 3.16 所示，进入 OBS 管理控制台。

步骤 3：单击"OBS Browser+"右侧的"下载"按钮，如图 3.17 所示，进入开发者工具页面。

步骤 4：在"开发者工具"页面选择"业务工具"选项，打开"业务工具"界面，单击"OBS Browers+工具"下的"window64 位下载"按钮进行下载，如图 3.18、图 3.19 所示，读者也可根据自身需求选择其他版本。

图 3.16 "管理控制台"按钮

图 3.17 下载 OBS Browser+

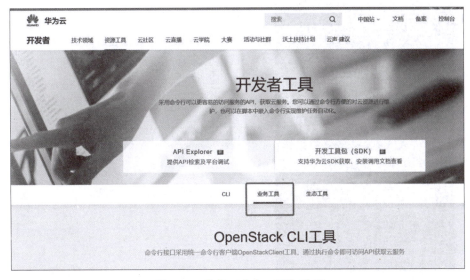

图 3.18 选择"业务工具"选项

图 3.19　OBS Browser+工具 window 64 位下载

步骤 5：找到下载的 OBS Browers+工具压缩包，解压后直接双击进行安装，如图 3.20 所示。

图 3.20　OBS Browser+工具解压安装

步骤 6：完成 OBS Browers+的安装后，选择 AK 方式登录，如图 3.21 所示，输入华为云 Access Key ID、Secret Access Key（访问路径不用填），单击"登录"按钮，登录 OBS Browser+。

图 3.21　登录 OBS Browser+

步骤 7：在弹出的"创建桶"对话框的"桶名称"文本框中输入桶信息，如图 3.22 所示，完成设置后单击"确定"按钮。（注意所选择的区域，不同的区域对应不同的项目 ID 和服务，这里使用默认的"华北-北京四"）

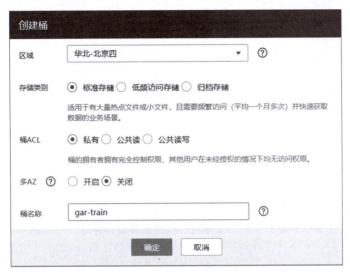

图 3.22 "创建桶"对话框

步骤 8：单击"新建文件夹"按钮，输入相应名称，分别创建三个文件夹 dataset_gar，dataset_train，train_log，如图 3.23 所示。dataset_gar 文件夹用于存储垃圾数据集，dataset_train 文件夹用于存储训练模型生成的模型文件，train_log 文件夹用于存储训练日志（此处文件夹命名仅为示例，用户可根据情况进行命名）。

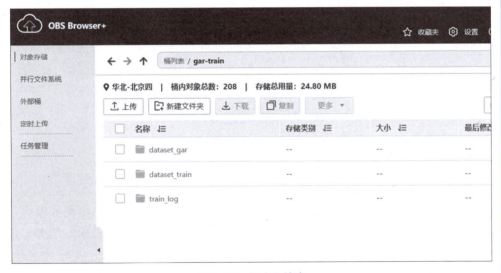

图 3.23 创建文件夹

步骤 9：单击打开 dataset_gar 文件夹，单击"上传"按钮，将上一节数据集收集阶段所准备的 Garbagedata 文件夹数据集上传至 dataset_gar 文件夹，如图 3.24 所示。

图 3.24　上传数据集

待 Garbagedata 文件夹上传完成后，可以看到所准备的 4 个类型的垃圾数据集已全部上传完成，如图 3.25 所示。

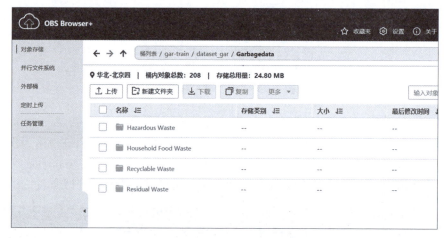

图 3.25　数据集查看

 项目运行

一、ModelArts 模型构建与在线服务部署

（一）训练模型

训练模型的步骤如下。

步骤 1：登录华为云个人账号，进入 ModelArts 管理控制台，在左侧导航栏中选择"训练管理"→"训练作业"命令，进入"训练作业"管理页面。单击"创建"按钮开始训练任务，如图 3.26 所示。

步骤 2：填写训练信息，如名称等。"算法来源"选择"预置算法"选项卡下的 ResNet_v1_50，选择"数据来源"的"数据存储位置"选项卡，选择 OBS 桶的 Garbagedata 文件夹，"训练输出位置"选择 OBS 桶的 dataset_train 空文件夹，将"运行参数"中 max_epoches 对应文本框中的默认值 100 修改为 20，"作业日志路径"选择 OBS 桶的 train_log 文件夹，如图 3.27~图 3.29 所示。

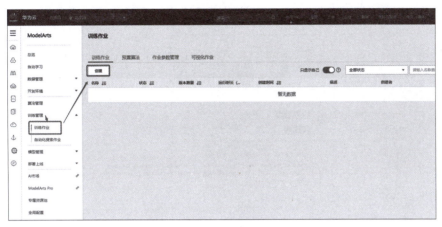

图 3.26 创建训练作业

图 3.27 训练信息填写（1）

图 3.28 训练信息填写（2）

图 3.29　训练信息填写（3）

步骤 3：单击"下一步"按钮，进入规格确认页面，检查所填写的信息是否正确，如图 3.30 所示。

图 3.30　训练规格确认

步骤 4：完成训练规格确认后，单击"提交"按钮，提交训练任务即可，任务提交成功页面如图 3.31 所示。

步骤 5：单击"返回训练作业列表"按钮，返回"训练作业"管理页面，查看新建训练作业的状态。如图 3.32 所示，等待一段时间，当"状态"变更为"运行成功"时，表示训练作业创建完成。

（二）导入模型

训练完成的模型还是存储在 OBS 路径中，可以将此模型导入 ModelArts 进行管理和部署。导入模型的步骤如下：

步骤 1：在 ModelArts 管理控制台中，选择左侧导航栏中的"模型管理"→"模型"命令，进入"模型"页面，如图 3.33 所示。单击"导入"按钮，导入模型。

图 3.31　训练作业任务提交成功

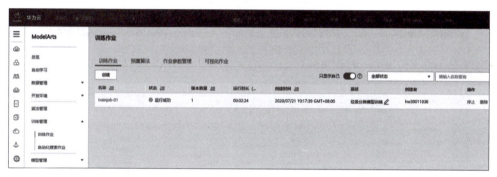

图 3.32　训练完成

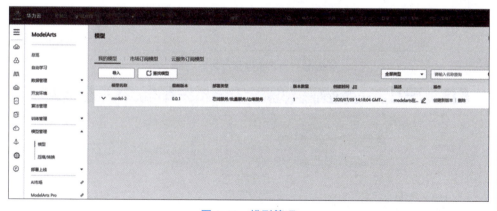

图 3.33　模型管理

步骤 2：填写模型名称、版本。在"元模型来源"选项区域中选择"从训练中选择"选项卡，"部署类型"复选框可全部勾选，单击"立即创建"按钮完成，如图 3.34、图 3.35 所示。

导入模型完成页面如图 3.36 所示。

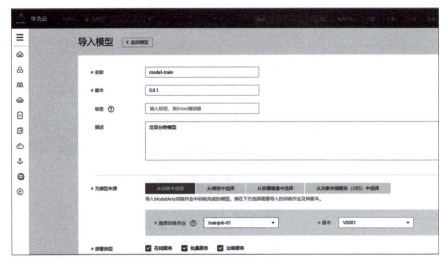

图 3.34　导入模型信息填写（1）

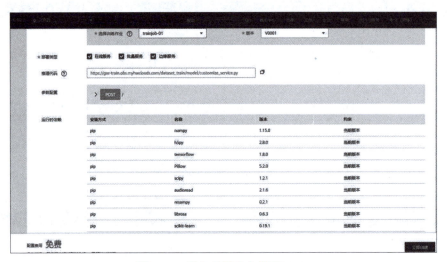

图 3.35　导入模型信息填写（2）

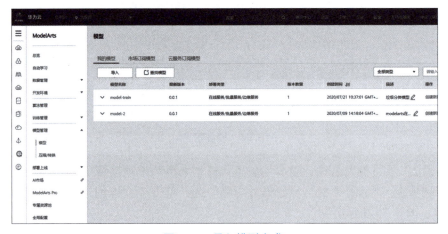

图 3.36　导入模型完成

（三）模型部署

模型导入完成后，等待一段时间，等"状态"由"构建中"（见图3.37）转换为"正常"时，可以将模型部署上线，可将其部署为"在线服务""批量服务"或"边缘服务"。如图3.38所示，单击操作列的"部署"下拉按钮，在弹出的下拉列表中选择"在线服务"选项，进入"部署"页面。

图 3.37　模型状态

图 3.38　模型部署类型选择

完成在线服务部署信息的填写，如图3.39、图3.40所示，单击"下一步"按钮。

在"详情"页面进行在线服务部署规格确认，确认后单击"提交"按钮，提交在线服务部署任务，如图3.41所示，任务提交成功页面如图3.42所示。

图 3.39　在线服务部署信息填写（1）

图 3.40　在线服务部署信息填写（2）

图 3.41　在线服务部署规格确认与任务提交

图 3.42　在线服务部署任务提交成功

在 ModelArts 左侧导航栏中选择"部署上线"→"在线服务"命令，进入在线服务页面，查看在线服务信息。当在线服务的"状态"变为"运行中"时，表示在线服务已部署完成。此时可以单击"预测"按钮，开始在线预测图片，如图 3.43 所示。

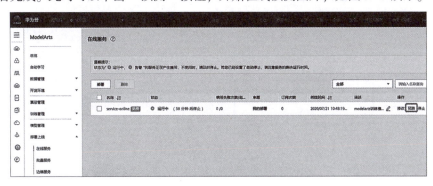

图 3.43　在线服务部署完成

单击"上传"按钮，上传待预测的图片，单击"预测"按钮，开始对图片进行预测。如图 3.44 所示，温度计的预测结果为 Hazardous waste。

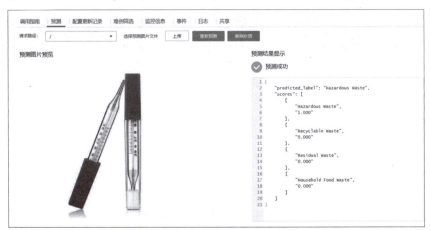

图 3.44　图片预测结果

注意：

模型预测既可以用 HiLens 边缘设备推理，也可以用 ModelArts 在线推理。

二、ModelArts 模型构建与边缘设备部署

以上介绍了基于 ModelArts 模型构建与在线服务部署生成的训练模型，本节主要对其进行修改，将其部署在 HiLens 边缘设备上。

（一）转换模型

步骤 1：打开 OBS Browser+工具，在 OBS 桶新建文件夹中选择 output_Hilens 和 train-02，如图 3.45 所示，output_Hilens 文件夹用于存储训练模型，train-02 用于存储转换后的模型。

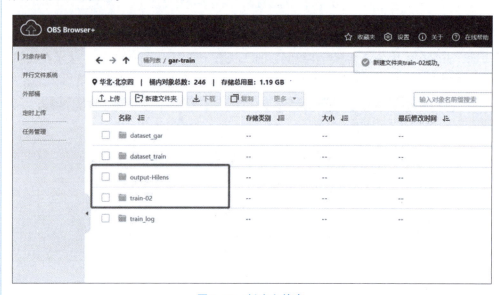

图 3.45　新建文件夹

步骤 2：打开文件夹 train-02，创建两个子文件夹 om 和 pb，如图 3.46 所示。

图 3.46　创建 train-02 子文件夹

步骤 3：进入华为云 ModelArts，选择基于 ModelArts 模型构建与在线服务部署完成的训练作业模型，单击"修改"按钮，如图 3.47 所示。

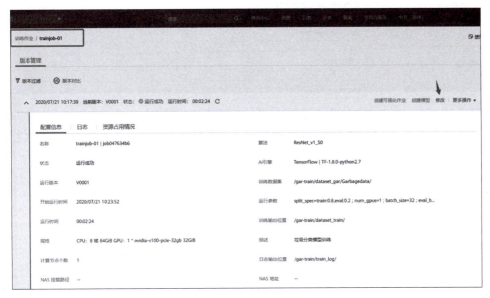

图 3.47　修改模型

步骤 4：重新设置"训练输出位置"，将路径修改为 OBS 桶的 output-Hilens 文件夹，添加"运行参数"export_model = FREEZE_GRAPH_BINARY，如图 3.48、图 3.49 所示。单击"下一步"按钮提交训练任务。

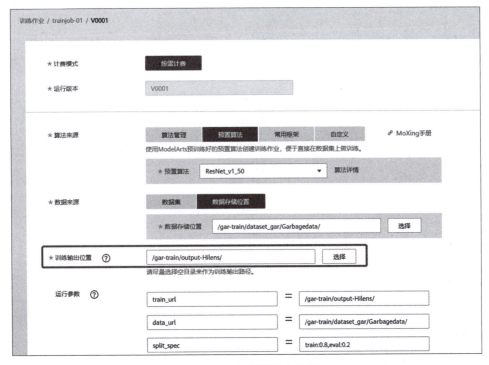

图 3.48　更新训练输出位置

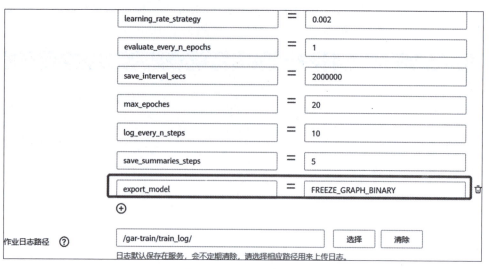

图 3.49　添加运行参数

步骤 5：如图 3.50、图 3.51 所示，当训练作业的状态由"初始化"变成"运行成功"后，表示训练任务完成，训练模型已保存至 OBS 桶的 output-Hilens 文件夹。

图 3.50　训练初始化

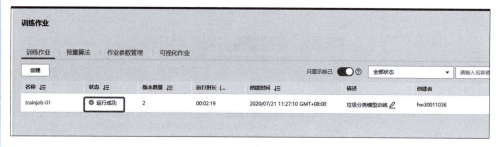

图 3.51　训练完成

步骤 6：返回 OBS 桶的 output-Hilens 文件夹，将 output-Hilens 文件夹中的 model.pb 文件复制到文件夹 pb 中，如图 3.52、图 3.53 所示。

步骤 7：返回 ModelArts 控制台，如图 3.54 所示，选择左侧导航栏中的"模型管理"→"压缩/转换"命令，单击"创建任务"按钮，进入任务信息页面。

完成任务基本信息的填写与设置，如图 3.55 所示。

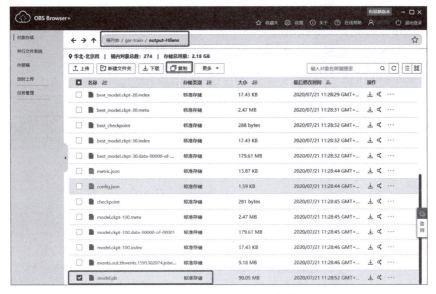

图 3.52　output-Hilens 文件夹

图 3.53　pb 文件夹

图 3.54　创建模型转换任务

（1）名称：可以选择默认，也可以自定义。

（2）输入框架：TensorFlow。

（3）转换输入目录：选择 model.pb 文件所在路径。

（4）输出框架：MindSpore。

（5）转换输出目录：选择 OBS 桶 om 空文件夹所在路径。

（6）转换模板：Tensorflow frozen graph 转 Ascend。

（7）输入张量形状：images：1，224，224，3。

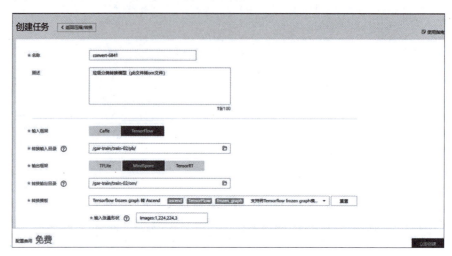

图 3.55　转换任务信息设置

单击"立即创建"按钮完成。

如图 3.56 所示，当"任务状态"由"运行中"变为"成功"时，表示训练模型转换成功。可以在 OBS 桶的 om 文件夹中看到转换后的模型文件，如图 3.57 所示。

图 3.56　模型转换完成

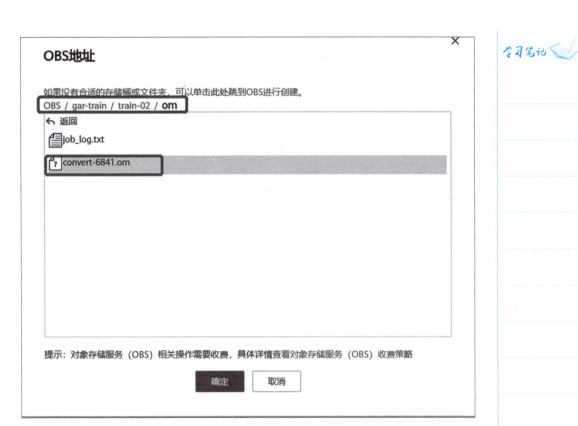

图 3.57　om 文件夹中的模型文件

（二）导入模型

进入华为云 HiLens 管理控制台（可以直接通过搜索找到 HiLens，如图 3.58 所示），选择"技能开发"→"模型管理"命令，单击"导入（转换）模型"按钮，如图 3.59 所示。

图 3.58　HiLens 搜索

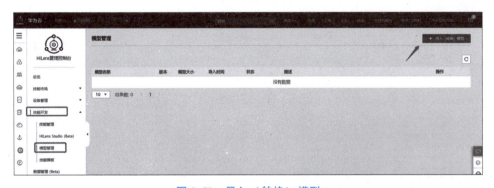

图 3.59　导入（转换）模型

在"导入模型"界面中填写模型名称、版本、描述，在"模型来源"选项区域中选择"从 OBS 导入"选项卡转换模型，单击"确定"按钮，导入模型，如图 3.60 所示，模型导入成功界面如图 3.61 所示。

图 3.60　导入模型信息填写

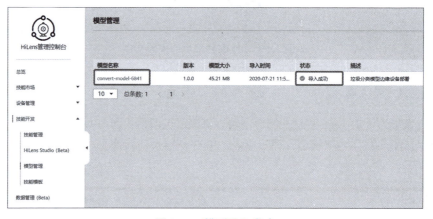

图 3.61　模型导入成功

选择 HiLens 左侧导航栏中的"技能开发"→"技能管理"命令，单击"新建技能"按钮，如图 3.62 所示。

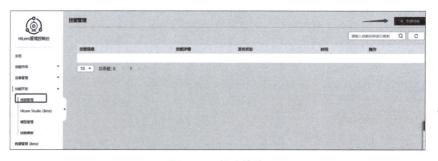

图 3.62　新建技能

在"创建技能"界面中完成创建技能基本信息的填写，其中，本项目的"代码上传方式"以"在线编辑"为例，代码详见 HttpServer.py 文件（提供的代码文件），如图 3.63、图 3.64 所示。

图 3.63　创建技能基本信息填写（1）

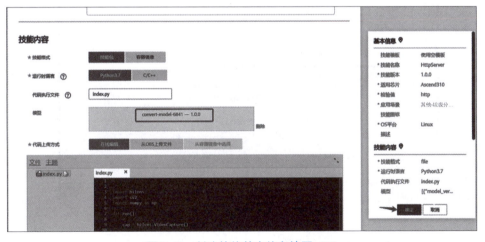

图 3.64　创建技能基本信息填写（2）

注意：

由于每个人创建的模型名称不一样，因此需要在代码中进行修改。

HttpServer.py 代码修改有以下两部分。

（1）修改 model 路径及名称。填写 OBS 桶中的 om 模型文件名（每个人生成的 om 文件名称均不一样）。

```
def run (image_ source) :
    disp = hilens. Display (hilens. HDMI)
    #在线开发-模型路径
     model = hilens. Model (hilens. get model dir() +" convert - 6841. om" )
    #本地开发-模型路径
    # model = hilens. Model ("/home/Dobot/Model/convert- 6841. om")
```

（2）检验值的填写，如图 3.65 所示。

此处 http 需要与创建技能基本信息中的检验值一致。如果检验值为 hello，则此处应修改为 hello。

```
if __name__ =="__main__" :
    rc = hilens. init("http")      #检验值
    if rc! =0:
        hilens. error("Failed to initialize Hi lens")
        hilens. terminate()
    app. run("0.0. 0.0",port=6060)
    hilens. terminate()
```

图 3.65   检验值

（三）注册 HiLens Kit 设备

为了能让设备 HiLens Kit 具备 AI 技能，在使用华为 HiLens 之前，需要将设备注册至华为 HiLens 控制台，才能在控制台上管理设备和部署技能等。

HiLens Kit 有两种注册方式，分别是使用 HiLens Kit 智能边缘系统注册和 SSH 注册。

1. 使用智能边缘系统注册设备

升级系统固件版本至 2.2.200.011 及以上，可以采用智能边缘系统注册设备，如图 3.66 所示。

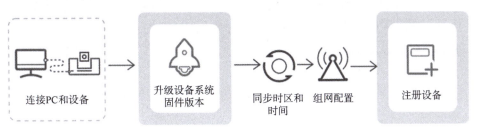

图 3.66　使用智能边缘系统注册设备

2. 使用 SSH 注册设备

如果需要操作 HiLens Kit 的系统文件等配置，则可以使用 SSH 注册并登录设备，采用 Linux 指令进行操作，如图 3.67 所示。

图 3.67　使用 SSH 注册 HiLens Kit 设备

具体操作方法请参考以下链接。

https://support.huaweicloud.com/usermanual-hilens/hilens_02_0051.html。

注册成功后可以在 HiLens 管理控制台左侧栏中选择"设备管理"→"设备列表"命令，在弹出的界面中查看设备信息，如图 3.68 所示。

图 3.68　HiLens Kit 设备信息

注意：

要保证 HiLens Kit 设备正常连接网络。

（四）技能部署

（1）将新建好的 HttpServer 技能部署到 HiLens 边缘设备上。

步骤1：在左侧导航栏中选择"技能开发"→"技能管理"命令，单击"安装"按钮，如图 3.69 所示。

图 3.69　HttpServer 技能部署

步骤2：启动技能 HttpServer。在 HiLens 管理控制台左侧导航栏中选择"设备管理"→"设备列表"命令，在"技能管理"选项卡中单击"启动"按钮即可，如图 3.70 所示。

图 3.70　HttpServer 技能启动

（2）新建技能 GetServer 并部署到 HiLens Kit 设备上。

步骤1：进入华为 Hilens 控制台。

步骤2：在左侧导航栏中选择"技能开发"→"技能管理"命令，单击右上角的"新建技能"按钮。

步骤3：在"基本信息"界面填写相关信息，具体如图 3.71 所示。

在"技能内容"界面填写参数，如图 3.72 所示。

步骤4：代码编写完成后，单击"确定"按钮。

步骤5：将新建好的 GetServer 技能部署到 HiLens 边缘设备上。在左侧导航栏中选择"技能开发"→"技能管理"命令，单击"安装"按钮后开始进行安装，安装中的界面如图 3.73 所示。

基本信息

技能模板	使用空模板　选择已有模板
★ 技能名称	GetServer
★ 技能版本	1.0.0
★ 适用芯片 ?	Ascend310
★ 检验值 ?	get
★ 应用场景	人脸识别
技能图标	＋
★ OS平台	Linux　Android　iOS　LiteOS　Windows

图 3.71　创建新技能 GetServer

技能内容

★ 技能格式	技能包　容器镜像
★ 运行时语言 ?	Python3.7　C/C++
代码执行文件 ?	index.py
模型	＋
★ 代码上传方式	在线编辑　从OBS上传文件　从容器镜像中选择

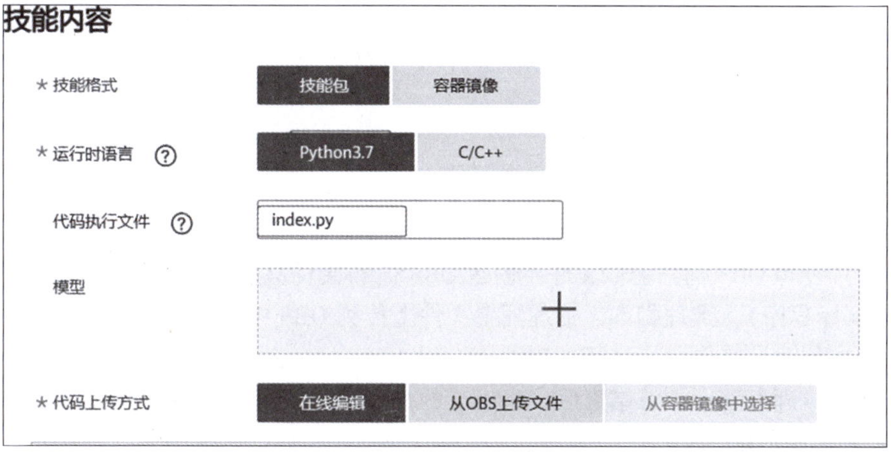

图 3.72　GetServer 技能内容

安装技能"GetServer"到设备。　　　✓ 开始安装。　　　×

设备名称	设备状态	资源约束	固件名称	固件版本	进度
◉ Dobot	● 在线	◉ 路数　○ 并发量	HiLens_Device_Agent	1.0.9	

5 ▼　总条数: 1　< 1 >

确定　取消

图 3.73　GetServer 技能部署进行中

步骤 6：启动技能 GetServer。在 HiLens 管理控制台左侧导航栏中选择"设备管理"→"设备列表"命令，在"技能管理"选项卡中单击"启动"按钮即可，如图 3.74 所示。

图 3.74　GetServer 技能启动

AI 物品识别分拣系统用到 HiLens Kit 边缘设备的两个技能。

1）GetServer 技能：建立 HTTP 的 GET 服务端，用于从 HiLens Kit 设备自带相机中捕获图像。

2）HttpServer 技能：建立 HTTP 的 POST 服务端，用于分类模型的推理。

根据以上步骤完成模型训练。

 项目拓展

使用自定义算法构建模型（手写数字识别）。可使用 PyTorch 1.8 实现手写数字图像识别，采用的数据集为 MNIST 官方数据集。

通过学习拓展，了解在 ModelArts 平台上训练作业、部署推理模型并预测的完整流程。

操作流程如下：

（1）准备训练数据：下载 MNIST 数据集。

（2）准备训练文件和推理文件：编写训练与推理代码。

（3）创建 OBS 桶并上传文件：创建 OBS 桶和文件夹，并将数据集和训练脚本（命令解释程序）、推理脚本、推理配置文件上传到 OBS 中。

（4）创建训练作业：进行模型训练。

（5）推理部署：训练结束后，将生成的模型导入 ModelArts 来创建 AI 应用，并将 AI 应用部署为在线服务。

（6）预测结果：上传一张手写数字图片，发起预测请求，获取预测结果。

（7）清除资源：运行完成后，停止服务并删除 OBS 中的数据，避免不必要的扣费。

 工程训练

根据项目需要，创建华为云个人账号，并依托平台，实现 ModelArts 模型的训练与导入。

项目四　智能机械臂垃圾分类控制系统的控制与编程

项目描述

项目名称	智能机械臂垃圾分类控制系统的控制与编程
项目导入	21世纪以来，AI已经成为新一轮产业变革的核心驱动力，正在对世界经济、社会进步和人类生活产生极其深刻的影响。智能机械臂的垃圾分类控制系统涉及语音交互、图像识别、垃圾分类、垃圾桶控制、智能机械臂控制等AI模块。基于智能机械臂的垃圾分类控制系统提高了工作效率，减少了人力劳动的投入，提高了人类的生活品质。本项目将按照要求对垃圾分类控制系统进行目标控制，并在系统集成过程中对PLC进行编程来实现相关信号的传输、处理等功能。
项目目标	知识目标： 1. 能够分析并描述智能机械臂垃圾分类控制系统的组成及工作原理； 2. 能够设计PLC接线电气原理图； 3. 能够描述视觉通信原理； 4. 能够绘制AI控制系统设计流程图。 能力目标： 1. 能够操作ModelArts平台； 2. 能够实现通信连接，包括视觉通信、PLC通信、语音启动、人脸启动过程的通信连接； 3. 能够编写PLC程序并调试； 4. 能够运行垃圾分类系统，调试系统软硬件。 素质目标： 1. 具有信息获取、资料收集整理的能力； 2. 具有分析问题、解决问题的能力，以及综合运用知识的能力； 3. 具有良好的AI开发思维及基础。
项目要求	1. 明确工作任务，分析各功能模块的工作原理； 2. 完成软件登录及参数设定； 3. 完成硬件系统的配置及接线； 4. 绘制电气接线图； 5. 运行AI物品识别分拣系统，并进行功能调试。
实施思路	1. 构思（C）：项目构思与任务分解，学习相关知识，制订计划与流程。 2. 设计（D）：学生分组设计项目方案、设计编程。 3. 实现（I）：安装运行PLC，进行各模块的连接。 4. 运行（O）：智能机械臂垃圾分类控制系统调试运行与项目评价。

工作过程

工作步骤	工作内容
项目构思(C)	1. 垃圾分类系统的架构设计； 2. HiLens 设备部署及图片在线预测等操作； 3. 视觉通信连接操作； 4. PLC 通信认识与操作； 5. 语音启动及人脸启动认识与操作。
项目设计（D）	1. 选用合适的 PLC 进行信号传输； 2. 设计通信路径，即 CPU 与编程设备、HMI 单元和其他 CPU 之间的多种通信。
项目实现（I）	1. 选择 S7-1200 硬件组态； 2. 完成电气接线图； 3. 准备工具、仪表； 4. 按照安装工艺完成电器元件安装； 5. 按照步骤和工艺进行配线； 6. 完成软件编程。
项目运行（O）	1. 检查元器件安装位置及接线是否正确，接线端接头处理是否符合工艺标准； 2. 控制线路检查，防止错接、漏接，防止不能正常运转或短路事故； 3. 软件参数配置自检、交验完毕，调试运行； 4. 故障现象描述； 5. 故障分析； 6. 故障检修； 7. 总结汇报； 8. 工作反思。

项目构思

　　智能机械臂垃圾分类控制系统的整体架构如下。

　　工业机器人智能应用系统是采用 Dobot M1 四轴机器人搭建的一个 AI 训练竞赛平台，系统使用智能语音系统和智能视觉系统，模拟人的听觉和视觉，辅助完成 AI 算法，结合互联网云平台的计算优势，辅助人类进行生产以及生活活动。本项目的系统整体架构如图 4.1 所示。

　　AI 应用技术开发平台由多个单元组成，包括四轴工业机器人、机器视觉单元、华为云，以及 PLC 单元和 HMI 单元等。通过云端接口应用，用户可以通过语音指令或人脸识别技术来控制系统的启动、运行。

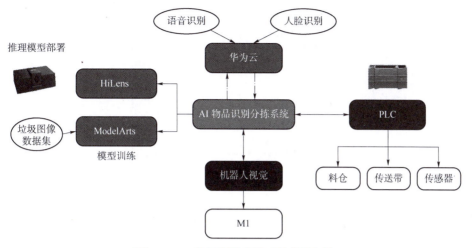

图 4.1　AI 物品识别分拣系统整体架构

（一）连接 HiLens 与图片在线预测

HiLens 设备主要集成人脸识别与垃圾模型训练的能力。在"AI 物品识别分拣系统"界面（见图 4.2）中，HiLens 设备的地址可通过计算机连接进行设置，输入 HiLensIP 地址，如 192.168.2.111，单击 Connect 按钮，就可以连接 HiLens 设备了，如图 4.3 所示。

图 4.2　"AI 物品识别分拣系统"界面

图 4.3　HiLens 设备连接

AI 物品识别分拣系统软件运行前的准备如下。

（1）打开 config 文件夹，双击运行 getToken. exe 可执行文件，根据提示，输入华为云账号、密码，获取 Token 鉴权（自动保存为 token. txt 文本，每获取一次鉴权有效期为 24 h），如图 4.4 所示。

图 4.4　getToken. exe 运行界面

（2）打开 config. txt 文件，写入华为云个人账号 ak、sk 以及 project_id，如图 4.5 所示。

除了应用部署在 HiLens 上的模型推理，还可以直接接入部署于 ModelArts 云端的模型推理在线服务，对垃圾图片进行预测。项目二已经完成了模型的在线部署，如图 4.6 所示，登录 ModelArts 控制台，选择"部署上线"→"在线服务"命令，选择已部署的在线服务，选择"调用指南"选项卡，全选"API 接口地址"并复制。（免费的部署只有 1 h 的使用期限，若发现快到时间或已经到时间，应重新启动此在线服务。）

```
*config.txt - 记事本
文件(F)  编辑(E)  格式(O)  查看(V)  帮助(H)
# HuaWei Cloud
ak=*********
sk=*********
endpoint=https://face.cn-north-4.myhuaweicloud.com
region=cn-north-4
project_id=*********
# ROI Area
x0=437
y0=283
x1=1750
y1=1400
```

图 4.5　config. txt 文件

图 4.6　"API 接口地址"复制

　　打开 AI 物品识别分拣系统，将复制的 API 地址粘贴至"请输入 ModelArts 部署在线服务 API 接口地址"文本框。单击"上传图片"按钮，选择待预测图片后，单击"预测"按钮，即可完成垃圾图片的在线预测，如图 4.7 所示，温度计的预测结果为 Hazardous Waste。

（二）视觉通信连接

　　在 Dobot Vision Studio 软件中，新建通信管理，添加设备，就可以实现视觉与 AI 物品识别分拣系统之间的通信了。通信建立之后，视觉可以接收 PLC 的到料数据，完成拍照与存储操作。系统通过读取图片存储路径，将图片上传至 ModelArts/HiLens 进行预测。

　　下面是为视觉通信添加设备的具体操作。

　　步骤 1：打开 Dobot VisionStudio 软件，如图 4.8 所示，单击"通信管理"图标，进入通信管理界面。

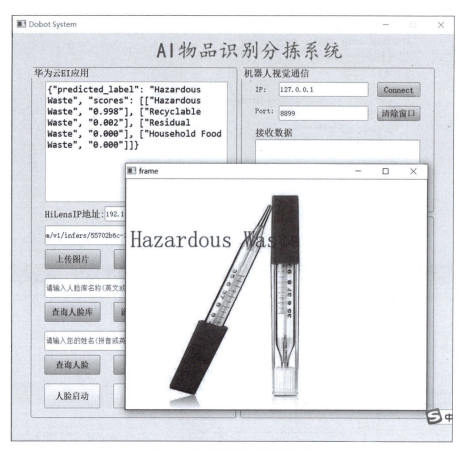

图 4.7 垃圾图片在线预测结果

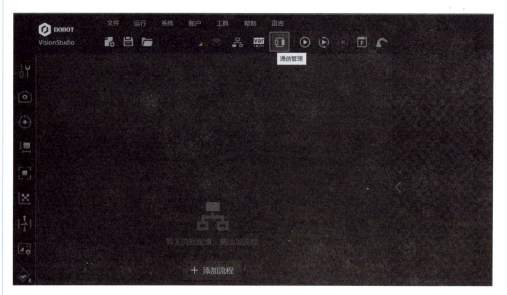

图 4.8 "通信管理"图标

步骤2：单击➕图标添加设备，如图4.9所示，设置视觉软件"通信协议"选项区域中"协议类型"以及添加要连接的客户端名称。在"协议类型"下拉列表中选择"TCP 服务端"选项。"通信参数"选项区域中"本地端口"与"本机 IP"可自行定义，单击"创建"按钮完成。

图 4.9　视觉通信管理信息填写

步骤3：完成通信参数设置后，打开视觉通信，如图4.10所示。

图 4.10　打开视觉通信

步骤4：启动 AI 物品识别分拣系统，填写机器人视觉通信 IP 和 Port，单击 Connect 按钮，建立通信。如图4.11所示，在"发送数据"文本框中输入 OK，单击"发送"按钮。在视觉软件"通信管理"的"接收数据"文本框中可看到接收到的数据为 OK。

图 4. 11　视觉接收数据

通信建立后，系统可以向视觉软件发送数据，视觉软件也可以向系统发送数据。如图 4.12 所示，在视觉通信管理"发送数据"文本框中输入 Hello 并单击"发送"按钮，可在系统"接收数据"文本框中接收到数据为 Hello。

图 4. 12　视觉发送数据

（三）PLC 通信连接

本节使用网络调试助手（ NetAssist.exe ）模拟 PLC 来与系统进行通信。

首先双击打开网络调试助手，其次将"协议类型"设置为 TCP Server，"本地主机地址"设置为 127.0.0.1，"本地主机端口"设置为 4 000，最后单击"打开"按钮。

当"打开"按钮变为"关闭"按钮时，如图 4.13 所示，说明网络调试助手已准备好，即 PLC 已准备好。

图 4.13　网络调试助手等待连接

返回 AI 物品识别分拣系统，在"PLC 通信"对话框中填写 PLC 通信 IP 和 Port，单击 Connect 按钮。接下来，单击"系统启动"按钮，如图 4.14 所示。

图 4.14　"系统启动"按钮

在"网络调试助手"窗口可以看到接收到了 cmd1 指令（cmd1 对应系统启动指令），如图 4.15 所示。

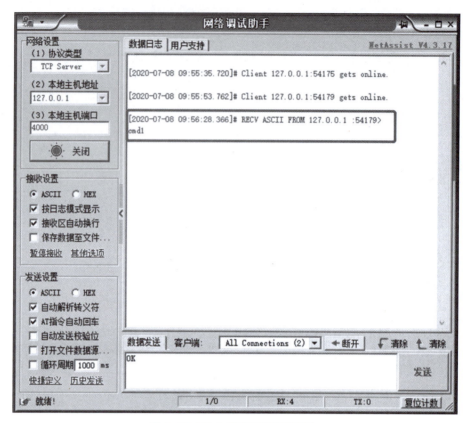

图 4.15　PLC 接收系统启动指令

单击"系统停止"按钮，网络调试助手接收到了 cmd2 指令（cmd2 对应系统停止指令），如图 4.16、图 4.17 所示。

图 4.16　"系统停止"按钮

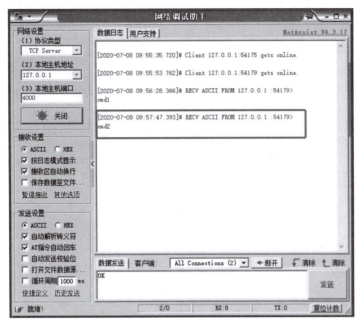

图 4.17　PLC 接收系统停止指令

（四）语音启动

AI 物品识别分拣系统接入了华为云语音识别技术，如图 4.18 所示，该技术的接入，使 PLC 可通过语音指令来实现系统的启动、停止与上料操作。

华为云语音识别功能接入操作如下。

（1）登录华为云，选择"EI 企业智能"→"AI 服务"→"语音识别"命令，如图 4.19 所示。

语音启动

图 4.18　"语音启动"按钮

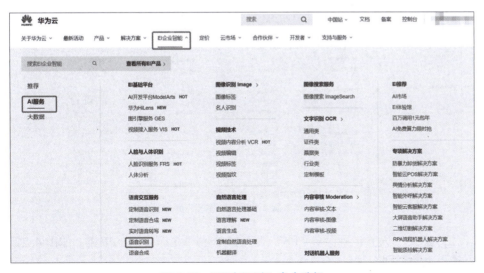

图 4.19　"语音识别"命令选择

（2）进入"语音识别 ASR"页面后，单击"立即使用"按钮即可，如图4.20所示。

图4.20　语音识别技术开通

（五）人脸启动

与语音识别原理一样，要使用华为云人脸识别技术，首先需要登录官网开通该服务，具体操作如下：

（1）登录华为云，选择"EI 企业智能"→"AI 服务"→"人脸识别服务FRS"命令，如图4.21所示。

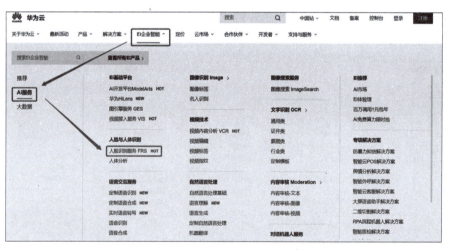

图4.21　"人脸识别服务 FRS"命令选择

（2）进入"人脸识别服务 FRS"页面，单击"立即使用"按钮，如图4.22所示，进入人脸识别控制台。

图 4.22　人脸识别服务开通

（3）如图 4.23 所示，设置服务区域为"北京四"，选择"版本二"，选择"服务管理"选项进入相关页面，开通人脸检测、人脸比对、人脸搜索等服务。

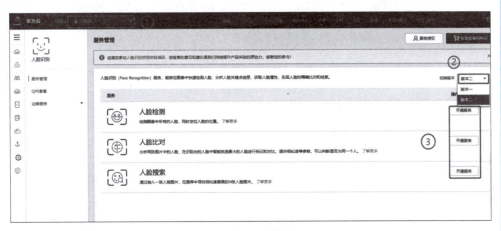

图 4.23　人脸识别技术开通

（4）开通人脸识别服务后，就可以在 AI 物品识别分拣系统中直接使用人脸识别服务了。该服务设置了人脸的添加与删除等功能，人脸识别通过，则系统启动，如图 4.24 所示。

图 4.24　人脸识别应用

（5）在人脸库名称文本框中输入人脸库名称，单击"添加人脸库"按钮来增加人脸库，随后可进行查询人脸库、删除人脸库等操作。同理，先输入人脸姓名，随后单击"添加人脸"按钮来完成在人脸库中添加人脸信息的操作。单击"人脸启动"按钮，若人脸库中的人脸信息与检测到的人脸匹配，则系统启动，PLC 开始执行自动上料操作。

项目设计

一、系统控制与编程

PLC 是一种具有微处理器的数字电子设备，是用于自动化控制的数字逻辑控制器，可以将控制指令随时加载到存储器内存储与运行。PLC 由内部 CPU、指令及数据存储器、输入输出单元、电源模块、数字模拟等模块化组合而成，如图 4.25 所示。

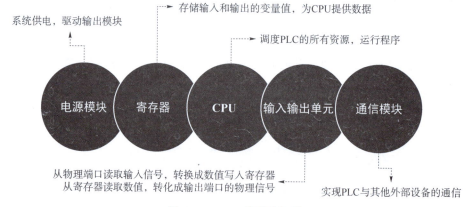

系统供电，驱动输出模块

存储输入和输出的变量值，为CPU提供数据

调度PLC的所有资源，运行程序

电源模块　寄存器　CPU　输入输出单元　通信模块

从物理端口读取输入信号，转换成数值写入寄存器
从寄存器读取数值，转化成输出端口的物理信号

实现PLC与其他外部设备的通信

图 4.25　PLC 的硬件组成

在 PLC 出现之前，工业一般使用继电器、计数器等完成自动化系统的逻辑控制。继电器笨重、不灵活的特点加速了 PLC 的产生与发展，同时也使 PLC 具备了逻辑控制、时序控制、模拟控制、多机通信等多种功能。

通过 PLC 应用开发，人们可以根据需要自行编辑相应的程序来满足不同的自动化生产要求。在顺序逻辑控制方面，PLC 可取代继电器来完成自动化控制系统的顺序控制以及逻辑控制。在定时控制方面，PLC 为用户提供了一定数量的定时器，设置了定时器指令，定时精度高，定时设定方便、灵活。PLC 还提供了高精度的时钟脉冲，可用于准确的实时控制。除此之外，PLC 的计数、数据处理以及通信能力使其广泛应用于当前的工业控制。

本项目应用西门子 PLC S7-1200 完成 PLC 与外部设备的通信，完成上料流程中的顺序控制、逻辑控制功能，完成物料的数量统计。通过本项目的学习，学生将更了解熟悉 PLC 在自动化控制系统中实现自动控制的流程。

二、通信管理

西门子 PLC S7-1200 可实现 CPU 与编程设备、HMI 单元和其他 CPU 之间的多种通信，如图 4.26~图 4.28 所示。

图 4.26　CPU 与编程设备连接　　　　图 4.27　CPU 与 HMI 单元连接

图 4.28　CPU 与 CPU 连接

　　CPU 可使用标准 TCP 与其他 CPU、编程设备、HMI 设备及非西门子设备通信。PLC S7-1200 的 TCP 通信方式，称为开放式用户通信，通过以太网发送或读取数据。TCP 是由 RFC 793 描述的一种标准协议：传输控制协议。TCP 的主要用途是在过程对之间提供可靠、安全的连接服务。如果在程序块中选择通信指令 TCON、TSEND_C 或 TRCV_C 创建类型为 TCP、UDP、ISO-on-TCP 或 FDL 类型的连接并分配参数，则可使用连接参数分配功能。

　　本项目主要应用指令 TSEND_C 和 TRCV_C 完成 TCP 通信的数据发送和接收。在 TIA Portal 软件开发环境右侧菜单栏中，选择"通信"→"开放式用户通信"命令，双击指令 TRCV_C 即可在程序中添加该指令模块，如图 4.29 所示。

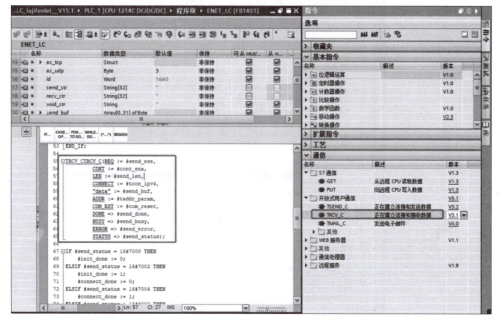

图 4.29　TRCV_C 指令的添加

单击该指令，当黄色背景说明显示时，单击其中的链接即可打开"信息系统"窗口查看对应指令的说明，如图 4.30、图 4.31 所示。

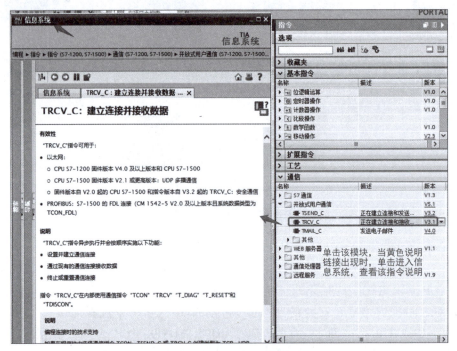

图 4.30　单击链接查看说明

图 4.31　信息系统中的 TRCV_C 指令说明

TCP 的特点如下。

（1）由于与硬件紧密相关，因此是一种高效的通信协议。

（2）适用于中等大小或较大的数据量（最多 8 192 B）。

（3）为应用带来了更多便利，特别是在错误恢复、流控制和可靠性方面。

（4）是一种面向连接的协议。

（5）可以非常灵活地用于只支持 TCP 的第三方系统。

（6）有路由功能。

（7）只能应用静态数据长度。

（8）消息会被确认。

使用端口号对应用程序寻址。大多数用户应用协议，如远程登录协议（TELNET protocol）和文件传送协议（FTP），都使用 TCP。

由于使用 SEND/RECEIVE（发送/接收）编程接口，因而需要通过编程来进行数据管理。

 项目实现

下面介绍 PLC 运行控制。

（一）S7-1200 硬件组态

在 AI 物品识别分拣系统中，PLC 主要实现的功能是为系统启动自动上料，监测传感器数值进行到料检测，将到料信号返回系统启动视觉流程，对推理结果进行计数并将其实时显示在 HMI 界面上。建立一个项目，首先进行设备组态（本项目使用的 PLC 软件开发环境为 TIA Portal V15.1）。

（1）在"创建新项目"界面中输入"项目名称"，单击"创建"按钮，如图 4.32 所示。

图 4.32　新建项目

（2）选择"设备与网络"→"添加新设备"命令，如图 4.33 所示，根据用户的 PLC 型号选择添加控制器。本项目选择 PLC1214C DC/DC/DC 模块，如图 4.34 所示。

图 4.33 添加新设备

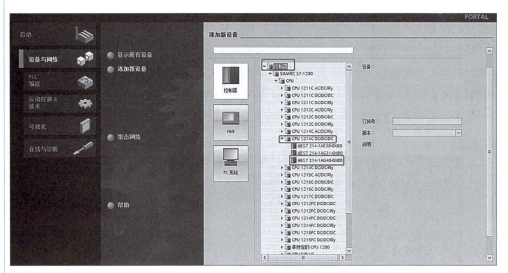

图 4.34 添加控制器

如图 4.35 所示，成功添加 PLC 设备。

（3）双击"设备组态"按钮，切换到"设备视图"，右击 CPU 选择属性。在常规节点选择"PROFINET 接口［X1］"→"以太网地址"属性命令，设置 CPU 的"IP 地址"，本例设置为 192.168.1.12，如图 4.36 所示。

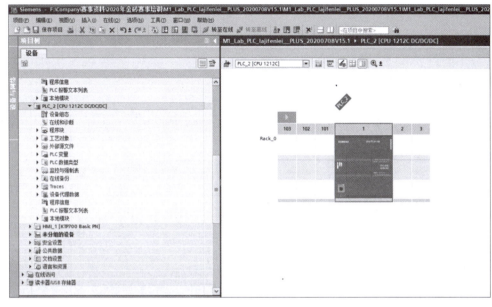

图 4.35　添加 S7-1200 设备

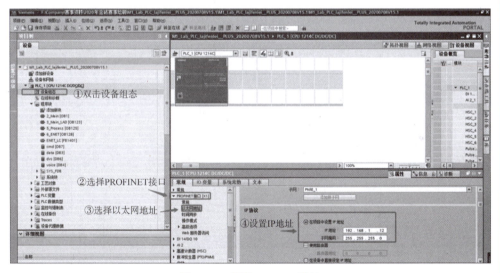

图 4.36　设置 CPU IP 地址

(二) 电气接线图

主电路图 1、PLC 模块接线图及 M1 接口接线图分别如图 4.37、图 4.38、图 4.39 所示。

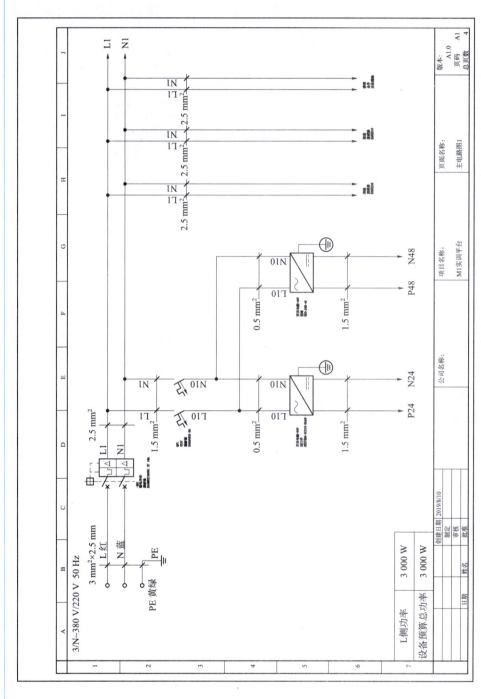

图 4.37 主电路图 1

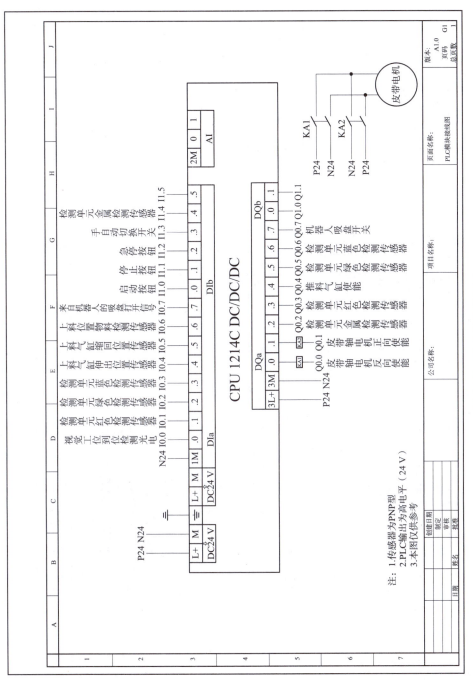

图 4.38 PLC 模块接线图

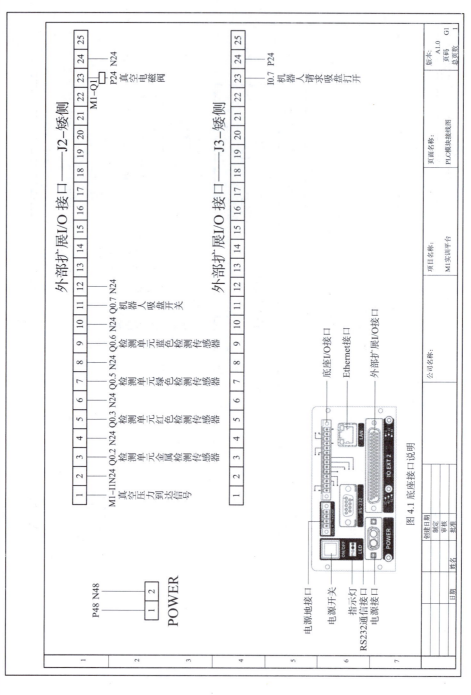

图 4.39 M1 接口接线图

（三）TAT 软件程序编程

在进行软件程序编程之前，先介绍本项目 PLC 系统 I/O 接口的基本分配情况，如表 4.1 所示。

表 4.1　PLC 系统 I/O 接口输入分配表

PLC 输入 X 地址				
I0.0 起始	M 地址	注释	感应器	机构名称
槽号：0		模块型号：CPU 1214C DC/DC/DC（PLC 本体）		
I0.0		视觉工位到位检测光电		
I0.1		检测单元红色检测传感器		
I0.2		检测单元绿色检测传感器		
I0.3		检测单元蓝色检测传感器		
I0.4		上料气缸伸出位置传感器		
I0.5		上料气缸缩回位置传感器		
I0.6		上料位置物料检测传感器		
I0.7		来自机器人的吸盘打开信号		
I1.0		开始按钮		
I1.1		停止按钮		
I1.2		急停开关		
I1.3		转换开关		
I1.4		检测单元金属检测传感器		
I1.5				

在 TIA Portal V15.1 开发环境中，可通过选择"设备"→"PLC 变量"→"添加新变量表"命令来添加变量表，如图 4.40、表 4.2 所示。

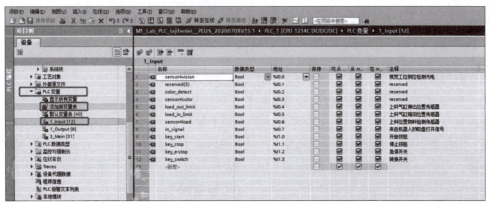

图 4.40　PLC 系统输入变量表示例

表 4.2　PLC 系统 I/O 接口输出分配表

PLC 输出 Y 地址				
Q0.0 起始	M 地址	注释	电磁阀	机构名称
槽号：0		模块型号：CPU 1214C DC/DC/DC（PLC 本体）		
Q0.0		皮带轴电机反向使能		
Q0.1		皮带轴电机正向使能		
Q0.2		检测单元金属检测传感器		
Q0.3		检测单元红色检测传感器		
Q0.4		推料气缸使能		
Q0.5		检测单元绿色检测传感器		
Q0.6		检测单元蓝色检测传感器		
Q0.7		机器人吸盘开关		

除了外部 I/O 变量以外，还需要应用 PLC 自带的一些继电器完成系统控制，如图 4.41 所示。

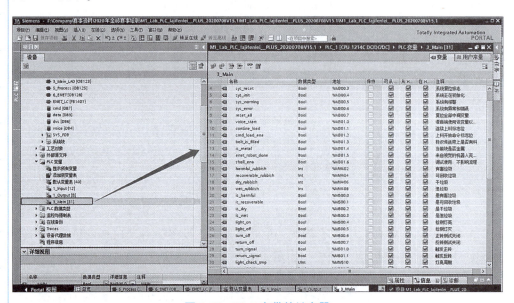

图 4.41　PLC 自带的继电器

系统提供了代码资源，图 4.42 给出了各个程序块的作用。

在 PLC 控制系统软件编程中，MAIN 程序块主要实现对系统的启停控制，包括复位、急停等操作控制；Process 程序块主要实现上料流程的控制，包括上料气缸的伸缩、传送带启停、传感器检测到料等；ENET 程序块主要实现对 PLC 系统收发数据的处理，包括语音指令对系统的控制、PLC 对云端返回垃圾图片推理结果的计数；ENET_LC 函数块主要实现通信模式选择、接收数据指令、发送数据指令的添加等参数配置。建立 ENET_LC 函数块的目的是方便对其进行调用。

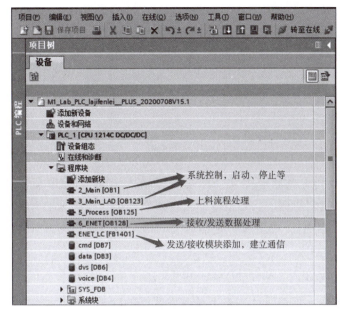

图 4.42　程序块及其作用

1. MAIN 程序块与 Process 程序块

图 4.43 截取了部分 PLC 系统启停控制的代码，其中主要涉及系统启动控制。

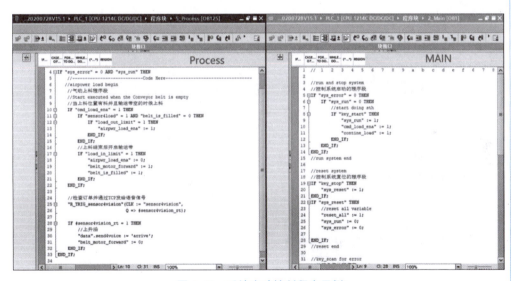

图 4.43　系统启动控制程序示例

Process 程序块部分代码说明如下：

当视觉工位到位检测光电传感器 sensor4vision 检测到物料到位时，输出 sensor4vision_rt 信号状态为 1 的一个周期，PLC 向通信对象发送数据 arrive，同时传送带停止。

```
"R_TRIG_sensor4vision"(CLK := "sensor4vision",
                                 Q => #sensor4vision_rt);
IF #sensor4vision_rt = 1 THEN
    //上升沿
    "data".send4voice := 'arrive';
    "belt_motor_forward" := 0;
```

R_TRIG：检测信号上升沿。选择"检测信号上升沿"命令，可以检测输入时钟（CLK）从 0 到 1 的状态变化。该指令将输入 CLK 当前值与保存在上次查询（边缘存储位）指定实例的状态进行比较。如果该指令检测到输入 CLK 的状态从 0 变成 1，就会在输出 Q 中生成一个信号上升沿，输出值将为 TRUE 或为 1 的一个周期。

2. ENET 程序块与 ENET_LC 函数块

ENET 程序块主要实现对 PLC 系统收发数据的处理，包括语音指令对系统的控制、PLC 对云端返回垃圾图片推理结果的计数。ENET_LC 函数块主要实现通信模式选择、接收数据指令、发送数据指令的添加等参数配置。TSEND_C 发送数据指令与 TRCV_C 接收数据指令的应用原理相似，这里以 TSEND_C 发送数据指令为例进行说明。

（1）数据收发模块添加，如图 4.44 所示。

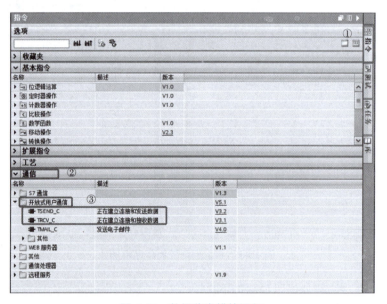

图 4.44　数据收发模块添加

在 PLC 系统 TCP 通信中，使用 TSEND_C 指令设置和建立通信连接。在设置并建立连接后，CPU 会自动保持和监视该连接。该指令可以执行以下功能。

1）设置并建立通信连接。

2）通过现有的通信连接发送数据。

3）终止或重置通信连接。

4）指令 TSEND_C 在内部使用通信指令 TCON，TSEND，T_DIAG，T_RESET，TDISCON。

TSEND_C 指令通过"CONT=1"设置并建立通信连接。在参数 REQ 中检测到上升沿时执行发送作业。TCP/UDP 通过 TCON_IP_v4 系统数据类型描述连接。参数 CONT 置位为 0 时，即使当前进行的数据传送尚未完成，也将终止通信连接；但如果对 TSEND_C 使用了组态连接，则不会终止连接。用户使用参数 DATA 指定发送区，这包括要发送数据的地址和长度。请勿在 DATA 参数中使用数据类型为 BOOL 或 Array of BOOL 的数据区。使用参数 LEN 可指定通过一个发送作业发送的最大字节数。如果在 DATA 参数中使用具有优化访问权限的发送区，则 LEN 参数值必须为 0。

（2）ENET_LC 函数说明如下。

ENET_LC 函数完成发送数据指令和接收数据指令的添加和参数配置，包括通信协议类型的设置、通信连接完成后的处理、数据发送状态的处理等。该函数完成编辑后一般可以在 ENET 程序块中直接调用，在 ENET 程序块中选择的通信协议，函数一般不再改动，类似于封装。

```
IF #init_done = 0 THEN
//协议类型设置
IF #enet_mode = #as_tcp. client THEN
#is_tcp := 1;
#tcon_ipv4. ConnectionType := 11;
#tcon_ipv4. ActiveEstablished := 1;
ELSIF #enet_mode = #as_tcp. server THEN
#is_tcp := 1;
#is_server := 1;
#tcon_ipv4. ConnectionType := 16#11;
#tcon_ipv4. ActiveEstablished := 0;
ELSIF #enet_mode = #as_udp THEN
#is_tcp := 0;
#tcon_ipv4. ConnectionType := 19;
#tcon_ipv4. ActiveEstablished := 0;
#taddr_param. REM_IP_ADDR := #remote_ip;
#taddr_param. REM_PORT_NR := #remote_port;
END_IF;
#id := #local_port - 3990;
#tcon_ipv4. ID := #id;
#tcon_ipv4. LocalPort := #local_port;
IF TypeOf(#send_data) = String THEN
#send_is_str := 1; ELSE
#send_is_str := 0;
```

```
END_IF;
IF TypeOf(#recv_data) = String THEN
#recv_is_str := 1;
ELSE
#recv_is_str := 0;
END_IF;
END_IF;
```

通信连接完成后的数据处理如下：

```
//通信连接完成后的处理
IF #connect_done THEN
VariantGet(SRC := #send_data,
DST => #send_str);
#len_of_str := LEN(#send_str);
IF #len_of_str > 0 THEN
#send_len := INT_TO_UDINT(#len_of_str);
Strg_TO_Chars(Strg := #send_str,
pChars := 0,
Cnt => #s2c_cnt,
Chars := #send_buf);
VariantPut(SRC := #void_str,
DST := #send_data);
IF #send_is_str THEN
#send_exe := 1;
END_IF;
END_IF;
END_IF;
```

ENET 函数块中的发送数据指令参数配置如下：

```
//添加发送数据模块
#tsend_c(REQ := #send_exe,
CONT := #cont_ena, LEN := #send_len,
CONNECT := #tcon_ipv4,
DATA := #send_buf,
ADDR := #taddr_param,
COM_RST := #com_reset,
DONE => #send_done,
BUSY => #send_busy,
ERROR => #send_error,
STATUS => #send_status);
//发送数据状态判断
IF #send_status = 16#7000 THEN
#init_done := 0;
```

146 ■ 智能机械臂控制与编程

```
ELSIF #send_status = 16#7002 THEN
#init_done := 1;
#connect_done := 0;
ELSIF #send_status = 16#7004 THEN
#connect_done := 1;
ELSIF #send_status > 16#8000 THEN
#connect_done := 0;
END_IF;
IF #send_done THEN
#send_buf := #void_buf;
#send_str := #void_str;
IF #send_is_str THEN
#send_exe := 0;
END_IF;
END_IF;
```

（3）ENET 程序块程序说明如下：

在 ENET 程序块编辑窗口中，直接将编辑好的 ENET_LC 函数块拖动至该窗口即可。拖动完成后将 enet_mode 设置为 as_tcp. server，"通信模式"设置为"TCP 服务端"，"使能通信"设置为 cont_ena := "data". enet_ena，"发送数据"设置为 send_data := "data". send4voice，"接收数据"设置为 recv_data := "data". recv4voice。

```
"voice"(enet_mode := "voice". as_tcp. server,
local_port := 4000, cont_ena := "data". enet_ena,
send_data := "data". send4voice,
recv_data := "data". recv4voice);
```

ENET 程序块程序清单如下：

```
//语音下单和控制端口
"voice"(enet_mode := "voice". as_tcp. server,
local_port := 4000,
cont_ena := "data". enet_ena,
send_data := "data". send4voice,
recv_data := "data". recv4voice);
IF "voice". send_done THEN
"voice". send_exe := 0;
END_IF;
IF "sys_error" = 0 THEN
IF "voice". recv_done THEN
//------------------------Code Here--------------------------------
//将语音接收到的字符串与命令作比较，判断命令类型
IF "sys_run" = 0 THEN
```

```
//如果系统未启动,仅接收命令 1,启动
IF "data". recv4voice = ' cmd1'  THEN
"sys_run" := 1;
"data". send4voice := "data". recv4voice;
"recoverable_rubbish" := 0;
"dry_rubbish" := 0;
"wet_rubbish" := 0;
"harmful_rubbish" := 0;
END_IF;
ELSE
IF "data". recv4voice = ' cmd3'  THEN
"data". send4voice := "data". recv4voice;
//命令 3,单次上料运行
"cmd_load_ena" := 1;
"contine_load" := 0;
;
ELSIF "data". recv4voice = ' cmd4'  THEN "data". send4voice := "data". recv4voice;
//命令 4,连续上料运行
"cmd_load_ena" := 1;
"contine_load" := 1;
ELSIF "data". recv4voice = ' cmd8'  THEN
"data". send4voice := "data". recv4voice;
//命令 8,正转调试,传送带正转 3s
"turn_signal" := 1;
ELSIF "data". recv4voice = ' cmd9'  THEN
"data". send4voice := "data". recv4voice;
//命令 9,反转调试,传送带反转 3s
"return_signal" := 1;
ELSIF "data". recv4voice = ' cmd2'  THEN
//命令 2,系统停止
"stop_thistime" := 1 ;
ELSIF "data". recv4voice = ' dvs'  THEN
//调试命令
//"data". send4dvs := ' true' ;
;
END_IF;
END_IF;
//------------------------ Code End ----------------------------------
END_IF;
END_IF;
//--------------------- Code Here ---------------------------------
IF "voice". recv_done THEN
IF "data". recv4voice = ' Hazardous Waste'  THEN
```

```
"harmful_rubbish" += 1;              //有害垃圾数量
"is_harmful" := 1;                   //是有害垃圾
"enet_robot_done" := 1;
ELSIF "data". recv4voice = ' Recyclable Waste'  THEN
"recoverable_rubbish" += 1;          //可回收垃圾数量
"is_recoverable" := 1;               //是可回收垃圾
"enet_robot_done" := 1;
ELSIF "data". recv4voice = ' Residual Waste'  THEN
"dry_rubbish" += 1;                  //干垃圾数量
"is_dry" := 1;                       //是干垃圾
"enet_robot_done" := 1;
ELSIF "data". recv4voice = ' Household Food Waste'  THEN
"wet_rubbish" += 1;                  //湿垃圾数量
"is_wet" := 1;                       //是湿垃圾
"enet_robot_done" := 1;
IF "shell_ena" THEN
"data". cmd_send := CONCAT_STRING(IN1 := "data". recv4dvs, IN2 :=
' recv4dvs $ N' );
END_IF;
// "enet_robot_done" := 1;
ELSIF "data". recv4dvs = 'over'  THEN
;
END_IF;
END_IF;
//-------------------------- Code End ------------------------------
```

项目运行

一、项目运行的前提

项目运行的前提条件如下：
（1）已完成垃圾数据集在 ModelArts 上的训练模型。
（2）完成模型在 HiLens 边缘设备上的部署。
（3）已将 PLC 自动上料程序下载至 PLC。

二、AI 物品识别分拣系统软件运行前的准备

AI 物品识别分拣系统软件运行前的准备如下：
（1）打开 config 文件夹，双击运行 getToken.exe 可执行文件，根据提示，输入华为云账号、密码，获取 Token 鉴权。
（2）打开 config.txt 文件，写入华为云个人账号 ak、sk 以及 project_id。
（3）双击打开 AI 物品识别分拣系统应用软件，如图 4.45 所示。

AI物品识别分拣系统_PLC V3.0.exe

图 4.45　打开 AI 物品识别分拣系统应用软件

（4）输入 HiLens 设备 IP 地址，完成 HiLens 的配置，当"PLC 通信"选项区域中 Connect 转换为 Disconnect，表示 HiLens 配置成功，如图 4.46 所示。

图 4.46　"AI 物品识别分拣系统"界面

（5）输入机器人视觉通信 IP 地址及端口号，输入 PLC IP 地址及端口号，建立 AI 物品识别分拣系统与机器人视觉和 PLC 的通信。

（6）输入语音指令，启动系统即可（人脸启动、语音启动可参考项目三的说明）。

项目拓展

新建项目，进行 AI 系统应用平台系统联调。

一、项目要求

物料分为多种，如 4 类图像物料（水果、零食、服装和蔬菜）、空物料（3 种颜色的塑料物料和 1 个金属物料），如图 4.47 所示。

图 4.47　图像物料及空物料

本项目的任务为通过人脸识别出操作员，通过语音识别下单，通过视觉检测、PLC 控制、机器人操作进行物料的放置，如图 4.48 所示。

（1）订单物料的放置。

（2）空物料的定点放置（不同颜色、材质物料）。

（3）非订单物料和多余订单物料的分拣。

图 4.48　物料放置位置

二、学习目标

（1）掌握联调前的各项准备工作。

（2）进行系统联调。

三、联调前的准备工作

（1）设备电气检查。

（2）设备物料检查。

（3）平台调试。

（一）设备电气检查

1. 设备开关状态检查

步骤1：打开总控单元工作台，检查工作台内部开关状态是否为打开状态，如图4.49所示。

步骤2：检查机器人电源是否打开。

步骤3：检查平台急停开关是否为已打开状态（红色按钮弹起），如果红色按钮未弹起，则须按顺时针方向旋转急停开关，直到急停开关弹起，说明急停开关复位成功，如图4.50所示。

图4.49　设备开关状态检查　　　　　　　　图4.50　急停开关检查

步骤4：检查视觉环形光源是否打开，如图4.51所示。

图4.51　视觉环形光源开关检查

2. 设备气路检查

步骤1：检查空压机是否正常工作，开关1是否为上拉状态，开关2是否为下拉状态，如图4.52所示。

图 4.52　空压机工作状态检查

步骤 2：检查气源总开关是否为开启状态，如图 4.53 所示。

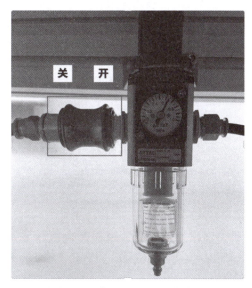

图 4.53　气源总开关状态检查

步骤 3：检查气压表的压力值是否为标准压力值（0.4~0.6 MPa），如图 4.54 所示。

图 4.54　气压表压力值检查

（二）设备物料检查

步骤1：检查供料模块是否放置了物料，如图4.55所示。

图4.55　供料模块检查

步骤2：检查传送带、滑槽存储单元、材质颜色检测单元、物料存储单元是否有物料，若有物料，则拿走，如图4.56所示。

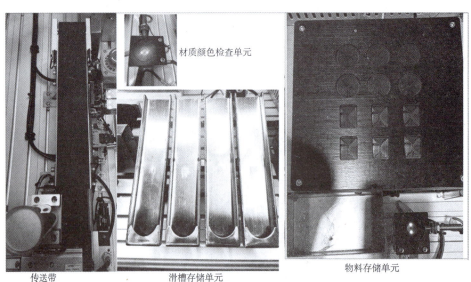

图4.56　存储模块检查

步骤3：检查机器人的姿态是否为初始位置，若不是处于初始位置，则将机器人姿态调整为初始位置，如图4.57所示。

步骤4：检查视觉软件的加密狗是否插入PC，如图4.58所示。

图 4.57　机器人初始位置检查

图 4.58　将加密狗插入 PC

四、系统调试

系统平台样例如图 4.59 所示。

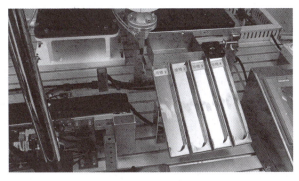

图 4.59　系统平台样例

（一）网络连接

步骤1：用网线连接PC和AI与机器人应用实训平台，将其一端接到PC，另一端接到交换机，如图4.60所示。

步骤2：连接PC与视觉单元模块，将视觉单元USB数据线连接到PC上，如图4.61所示。

图 4.60　网络连接

图 4.61　USB 连接 PC

步骤 3：打开 PC "控制面板"，选择 "网络和 Internet" 命令，右击 "以太网" 图标，在弹出的快捷菜单中选择 "属性" 命令，在 "以太网属性" 对话框中勾选 "Internet 协议版本 4（TCP/IPv4）" 复选框，单击 "属性" 按钮，在 "常规" 选项卡中修改 "IP 地址" 为 192.168.1.125，"子网掩码" 为 255.255.255.0，单击 "确定" 按钮，如图 4.62 所示。

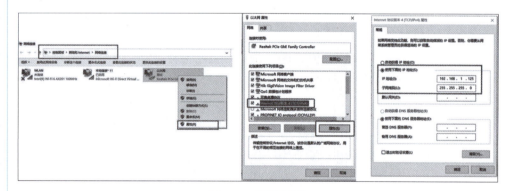

图 4.62　网络设置

（二）视觉软件程序的参数设置

步骤 1：打开 newRobotVision 视觉程序，选择流程 2，单击 "相机管理" 按钮，确定相机为已连接状态，"像素格式" 为 RGB 8，如图 4.63 所示。

步骤 2：双击 "12 快速匹配" 按钮，检查是否已导入图像物料和空物料的特征模板，图像物料序号为 0，空物料序号为 1，如不匹配则进行修改，如图 4.64 所示。

步骤 3：双击 "13 标定转换" 按钮，检查是否已导入标定文件，如未导入，则重新导入，如图 4.65 所示。

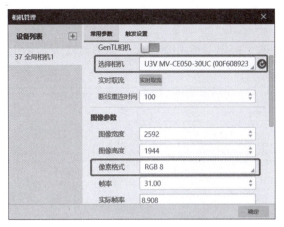

图 4.63　相机管理参数设置

图 4.64　快速匹配参数设置

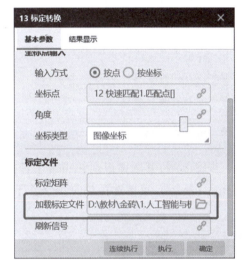

图 4.65　标定转换设置

步骤 4：单击"通信管理"按钮，单击打开设备列表"1 TCP 服务端_语音人脸""2 TCP 服务端_图像识别""3 TCP 客户端_PLC"和"4 TCP 服务端_机器人"的开关，建立通信，如图 4.66 所示。

图 4.66　通信管理设置

（三）打开其他程序

步骤1：打开机器人程序，单击 7 图标，使能机器人，单击"运行"按钮运行程序，如图4.67所示。

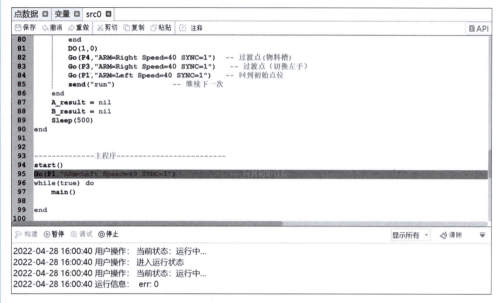

图 4.67 机器人程序运行界面

步骤2：打开图像识别 Python 工程文件，选择主程序 main 命令打开主程序，单击 Run（运行）菜单选择对应命令运行程序，如图4.68所示。

运行图像识别程序   图像识别程序运行界面

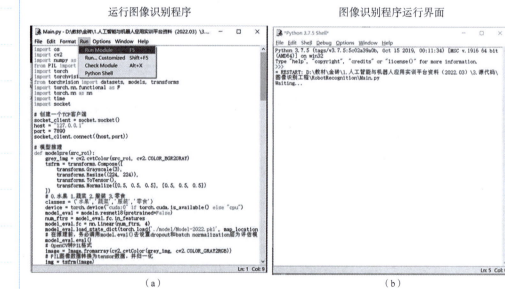

（a）   （b）

图 4.68 图像识别程序运行界面

步骤3：打开语音人脸 Python 工程文件，选择主程序 main 命令打开程序，单击 Run 菜单选择相应命令运行程序，如图 4.69 所示。

运行语音人脸程序   语音人脸程序运行界面

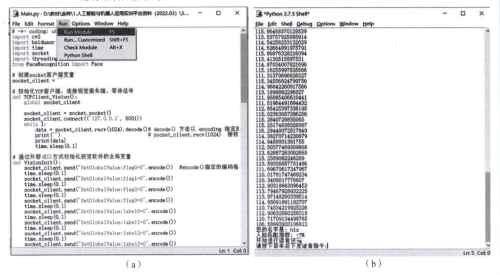

（a）   （b）

图 4.69   语音人脸程序运行界面

（四）运行程序

在语音人脸 Python 程序运行界面中，先进行人脸识别，人脸识别通过后，按 Enter 键并对着麦克风输入语音指令，依次输入系统启动、订单指令（如给我一个零食）、连续运行指令。查看平台运行情况是否正常，若有异常情况，则检查异常节点，调整系统，如图 4.70 所示。

```
请按Enter键后下发语音指令：
Start recording.
………………………………………………………
End recording.
['系统启动。']
start
请按Enter键后下发语音指令：
Start recording.
………………………………………………………
End recording.
['给我一个零食。']
order, 0, 0, 0, 1
请按Enter键后下发语音指令：
Start recording.
………………………………………………………
End recording.
['连续运行。']
continue
请按Enter键后下发语音指令：|
```

图 4.70   **Python 语音人脸程序运行界面**

图像识别程序运行界面如图 4.71 所示。

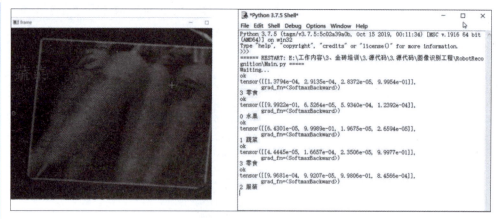

图 4.71　图像识别程序运行界面

HMI 调试步骤如下：

（1）下单，如图 4.72 所示。

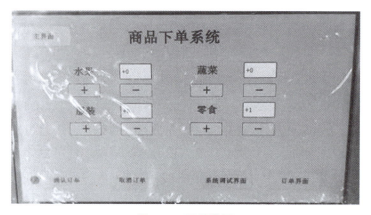

图 4.72　下单界面

（2）查看订单，如图 4.73 所示。

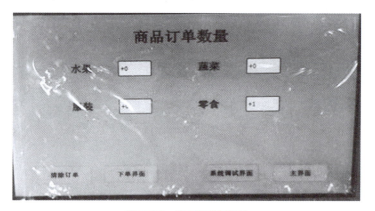

图 4.73　查看订单界面

（3）系统调试，如图 4.74 所示。

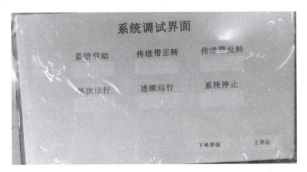

图 4.74　系统调试界面

利用 AI 物品识别分拣系统应用平台，进行不同组别的物品分拣处理。

参考文献

［1］深圳市越疆科技有限公司.智能机械臂控制与编程［M］.北京：高等教育出版社，2021.

［2］深圳市越疆科技有限公司.Dobot M1 机器人用户手册［Z/OL］.［2025-03-01］.https://www.dobot.cn/service/download-center.